Marc E. Isenhardt

Wer hat Angst vorm grauen Mann

Marc E. Isenhardt

WER HAT ANGST

VORM GRAUEN MANN

Persönliche Erlebnisse mit den grauen Wesen, die jeder für einen Mythos hält

Impressum

Bibliografische Information der Deutschen Nationalbibliothek: Die Deutsche Nationalbibliothek verzeichnet diese Publikation in der Deutschen Nationalbibliografie; detaillierte bibliografische Daten sind im Internet über dnb.dnb.de abrufbar.

Verlag: BoD · Books on Demand GmbH, Überseering 33, 22297 Hamburg, bod@bod.de

Druck: Libri Plureos GmbH, Friedensallee 273, 22763 Hamburg

ISBN: 978-3-7693-5794-3

Inhaltsverzeichnis

1. Einführung: Zwischen Zweifel und Wahrheit 7

2. Zwei Welten: Der Anfang und die Rückkehr 16

3. Die wachsende Furcht: Ungebetene Gäste........................... 29

4. Gemeinsame Muster und Parallelen.................................... 43

5. Wendepunkt ins Unbekannte 48

6. Von Angesicht zu Angesicht 62

7. Besuche, Training, Prägung einer neuen Wirklichkeit 84

8. Die große Frage nach dem „Warum" 102

9. Die nächste Stufe – Jenseits des Greifbaren.......................113

10. Die unsichtbare Hand – Manipulation und Einfluss 128

11. Resümee und Danksagung 149

1. Einführung: Zwischen Zweifel und Wahrheit

Als ich im Jahr 1974 im Herzen Hessens das Licht der Welt erblickte, hätte ich mir niemals träumen lassen, dass ich eines Tages eine Geschichte erzählen würde, die viele für unmöglich halten.

Ich wuchs in einem beschaulichen Dorf auf, hatte Freunde, besuchte die dortige Grundschule und führte eine normale Kindheit, wie man so schön sagt.

Mit meinem besten Freund erkundete ich jede Ecke unserer Umgebung. Kein Baum, kein Bach und kein Feldweg waren uns unbekannt. Wir bauten Hütten im Wald – oder versuchten es zumindest – und jagten mit unseren Rädern über die Feldwege. Dabei trugen wir regelmäßig Schrammen davon, wenn die Handbremse mal wieder nicht schnell genug reagierte. Hand aufs Herz, das lag eher an uns als an der Technik.

Nach meiner Kindheit änderte sich das Leben wie bei den meisten Menschen: Weiterführende Schule, Ausbildung, Arbeit. Ich wurde erwachsen, und strebte nach einem bodenständigen Leben.

Es gab nie einen Grund, mein allgemeines Weltbild jemals in Frage zu stellen noch es anzuzweifeln.

Das erste Mal sollte dies in meinem zwanzigsten Lebensjahr auf die Probe gestellt werden. Im Jahr 1995 ereignete sich etwas das ich weder verstehen noch eindeutig einordnen konnte. Was ich Damals in dieser Nacht erlebte, durfte es eigentlich nicht geben, und hätte mir jemand etwas Derartiges erzählt, bin ich nicht sicher wie ich reagiert hätte.

In den darauffolgenden neun Jahren verlief mein Leben ohne weitere sonderbare Erlebnisse. Ich heiratete, ich ging meinem Beruf nach, widmete mich dem Familienleben, zahlte Steuern, frönte Hobbys, lebte eben ein normales Leben und hatte den Vorfall von 1995 längst verdrängt und vergessen.

Nun schreiben wir das Jahr 2025, ich bin letztes Jahr fünfzig geworden, arbeite in der IT-Branche und blicke auf Ereignisse zurück die mein Leben für immer verändert haben. Es mag nach einer Phrase klingen aber dies beschreibt es einfach nur treffend und am besten.
In den folgenden Kapiteln werden sie ganz sicher besser verstehen und mir im besten Falle auch zustimmen, warum diese Erlebnisse ein komplettes Leben, und viel schwerwiegender noch, dass gesamte Weltbild einmal komplett umkrempeln. Nichts desto trotz ist es mir gelungen weiterhin ein bodenständiges Leben zu führen und dies sogar noch zu festigen. Wie mir das gelungen ist, davon berichte ich in den weiteren Kapiteln noch ausführlicher.

Ich weiß, dass es da draußen Menschen gibt, die sich fragen: Bin ich die Einzige Person, der so etwas passiert ist? Diesen Leuten möchte ich zeigen: Ihr seid nicht allein.
Dieses Buch handelt von Begegnungen mit Wesen, die viele Menschen schlicht als „Mythos" abtun würden: den sogenannten Greys. Diese Bezeichnung ist weit verbreitet und beschreibt humanoide, oft grauhäutige Wesen mit großen, schwarzen, mandelförmigen Augen. Die Greys gehören zu den bekanntesten Motiven in der modernen Ufologie, doch für mich sind sie mehr als nur eine Idee oder Fantasie – sie sind eine Realität, die ich aus eigener Erfahrung kenne.

Über Jahrzehnte hinweg gab es weltweit unzählige Berichte über Begegnungen mit diesen Wesen. Manche sprechen von Sichtun-

gen, andere von Entführungen und mysteriösen Eingriffen in ihr Leben. Viele dieser Geschichten wurden belächelt, ignoriert oder als Hirngespinste abgetan. Doch was, wenn solche Berichte tatsächlich auf etwas Echtem beruhen? Was, wenn wir die Realität dieser Begegnungen nicht länger leugnen können?
Ich selbst habe mich lange gefragt, ob ich mit meinen Erlebnissen allein bin. Doch im Laufe der Zeit stieß ich auf Geschichten von Menschen, deren Erfahrungen den meinen erschreckend ähnlich sind. Diese Ähnlichkeiten lassen sich nicht einfach mit Zufall erklären. Die Muster sind zu eindeutig, die Details zu spezifisch.

In diesem Buch nehme ich Sie mit auf eine außergewöhnliche Reise – von meinen ersten unerklärlichen Erlebnissen über direkte Begegnungen mit den Greys bis hin zu Entführungen und den tiefgreifenden Fragen, die mich bis heute begleiten. Es ist eine Reise voller Rätsel, Einsichten und Momente, die meinen Blick auf die Welt für immer verändert haben.

Mein Ziel ist es, Menschen, die Ähnliches erfahren haben, eine Stütze zu sein – sei es durch das Wissen, dass sie nicht allein sind, oder durch die Erkenntnisse, die ich im Laufe der Zeit gewinnen konnte. Ich werde schildern, wie ich lernte, mit diesen Erlebnissen umzugehen, meine Ängste zu kontrollieren und meine Wahrnehmung zu schärfen.

Doch dieses Buch richtet sich nicht nur an Betroffene. Auch wenn Sie selbst nie eine solche Erfahrung gemacht haben, aber offen und neugierig sind, lade ich Sie ein, sich auf diese Erzählung einzulassen. Vielleicht wird sie Ihr Bild von der Realität erweitern – oder zumindest Denkanstöße liefern.
Dieses Buch ist weder ein wissenschaftlicher Befund noch eine Fiktion – es ist eine persönliche Chronik des Unfassbaren. Es mag

viele Fragen aufwerfen und Debatten anregen. Lesen Sie mit offenem Geist. Vielleicht liegt die Wahrheit jenseits der Grenzen dessen, was wir für möglich halten.

Lao Tzu, ein chinesischer Philosoph, lehrte, dass Weisheit darin besteht, zu erkennen, dass die Welt nicht in einfache Gegensätze wie Schwarz oder Weiß zerfällt.
Ich möchte hiermit grundsätzlich aufzeigen, dass solche Begegnungen stattfinden.
Was genau geschah, werden Sie in den kommenden Kapiteln lesen. Diese Begegnungen haben nicht nur mein Weltbild verändert. Ich habe mich nach langer Zeit dazu entschlossen alles unverblümt aufzuschreiben, positives wie negatives und der Öffentlichkeit zugänglich zu machen. Ich möchte auch ganz bewusst all jene ansprechen, die diese Thematik bisher nur am Rande wahrgenommen haben.

Das Thema scheint aktueller denn je zu sein. Weltweit nehmen Regierungen, Wissenschaftler und Militärs das Phänomen der unidentifizierten Flugobjekte (UFOs/UAPs) zunehmend ernster. Öffentliche Anhörungen, offizielle Untersuchungen und die Freigabe ehemals geheimer Dokumente zeigen, dass wir möglicherweise an einem Wendepunkt stehen.

In den letzten Jahren haben hochrangige Persönlichkeiten – darunter ehemalige Piloten, Militärangehörige und Whistleblower – öffentlich über ihre Beobachtungen und Erfahrungen gesprochen. Diese Berichte, kombiniert mit wissenschaftlichen Analysen und militärischen Untersuchungen, deuten darauf hin, dass dieses Thema nicht länger ignoriert oder ins Lächerliche gezogen wird.

Dass das Phänomen nun vermehrt Gegenstand ernsthafter Debatten ist, könnte bedeuten, dass auch Menschen, die ähnliche Erlebnisse hatten, endlich Gehör finden und ihre Geschichten nicht länger als bloße Einbildung abgetan werden. Für viele Betroffene wäre dies ein bedeutender Schritt – weg von der Stigmatisierung hin zu einer offenen Auseinandersetzung.

Dennoch gibt es weiterhin Kräfte, die diesen Fortschritt zu blockieren scheinen. Immer wieder tauchen Berichte über Widerstände auf, sei es aus wirtschaftlichen Interessen, aus Angst vor gesellschaftlichen Konsequenzen oder aus dem Wunsch heraus, bestimmte Wahrheiten im Verborgenen zu halten. Doch die Dynamik scheint sich zu verändern, und es bleibt spannend zu beobachten, wohin diese Entwicklung führt.
Diese Entwicklungen zeigen jedoch auch, dass wir möglicherweise an der Schwelle zu einem neuen Verständnis stehen. Wenn die größte Supermacht der Welt beginnt, sich diesem Thema zu öffnen, stellt sich die Frage: Wie lange können andere Länder und Regierungen noch über das Thema schweigen? Der Umgang mit diesen Phänomenen könnte uns dazu bringen, nicht nur unser Weltbild, sondern auch die Rolle der Menschheit im Universum neu zu überdenken.

Für mich als Betroffenen ist es ermutigend zu sehen, dass sich etwas bewegt – auch wenn die Veränderungen langsam und von Widerständen begleitet sind. Es zeigt, dass es Hoffnung gibt, dass unsere Geschichten eines Tages nicht mehr belächelt, sondern als wertvolle Hinweise auf eine größere Realität betrachtet werden.
Über sogenannte Verschwörungstheorien möchte ich mich in diesem Buch nicht weiter auslassen, da es sich bei solchen Gedankenkonstrukten oftmals auch um grenzwertige Spekulationen

handelt. Meiner Meinung nach. Mein Ziel ist es, mich auf die Ereignisse zu konzentrieren, die ich selbst erlebt habe. Es geht darum, die Begegnungen so zu schildern, wie sie waren, ohne wilde oder wirre Theorien über Vertuschung oder geheime Pläne aufzustellen. Persönliche Berichte wie meine werden oft vorschnell in dieselbe Schublade gesteckt wie wilde Theorien, die nicht auf Fakten basieren. Doch genau hier möchte ich eine Grenze ziehen: Dieses Buch ist keine Sammlung von Spekulationen, sondern ein ehrlicher Blick auf Ereignisse, die mein Leben verändert haben. Ich möchte, dass der Fokus auf dem Wesentlichen bleibt – auf den Begegnungen selbst und darauf, was sie für einen Menschen bedeuten.

Statt in unspezifische Vermutungen abzuschweifen, möchte ich die konkreten Fragen in den Vordergrund rücken: Was ist wirklich passiert? Wie beeinflussen solche Erlebnisse das Leben und das Weltbild? Diese Fragen verdienen eine ernsthafte Betrachtung, ohne durch unbewiesene Theorien verwässert zu werden.

Spekulationen mögen aufregend klingen, doch sie lenken oft von den tatsächlichen Erfahrungen ab. Deshalb beschränke ich mich auf das, was ich selbst erfahren habe, und lade den Leser ein, sich ein eigenes Bild zu machen. In diesem Buch geht es um Begegnungen – und um die vielen Fragen, die sie aufwerfen.

Als ich das erste Mal das Gefühl hatte, nicht allein zu sein, war ich überzeugt, dass es eine rationale Erklärung geben musste. Vielleicht ein Traum, eine Illusion oder ein Streich meines eigenen Verstandes.

Es konnte doch einfach nicht real sein.

Dinge wie diese existieren in Geschichten, in Filmen oder in den Köpfen von Menschen, die sich gern etwas ausdenken – so dachte ich jedenfalls damals.

Ich erinnere mich genau an die erste Nacht, in der sich etwas Ungewöhnliches ereignete. Mein Herz raste, und ich suchte angestrengt nach einem Grund, der das alles erklären könnte. Vielleicht eine optische Täuschung? Der Einfluss von Übermüdung? Doch je mehr ich darüber nachdachte, desto klarer wurde mir: Manche Dinge entziehen sich jeder einfachen Erklärung. Lange haderte ich mit mir selbst. Sollte ich diese Erlebnisse einfach vergessen und mein Leben weiterführen, als wäre nichts geschehen? Oder sollte ich mich mit der Möglichkeit auseinandersetzen, dass es Dinge gibt, die jenseits des Verstehbaren liegen? Eine Option, die ich damals nur schwer akzeptieren konnte.

Oft fragte ich mich, ob wir Menschen überhaupt in der Lage sind, alles zu begreifen, was uns umgibt. Vielleicht überschätzen wir unsere Fähigkeit, die Welt in schwarz und weiß zu erklären. Vielleicht gibt es Zwischenräume – Orte, an denen Logik nicht greift und die Antworten nur im Staunen und Akzeptieren gefunden werden können.

Diese Gedanken ließen mich nicht los. Immer wieder fragte ich mich: Hatte ich mir das alles nur eingebildet? Oder war da wirklich etwas? Was, wenn die Grenzen, die wir unserer Realität gesetzt haben, nur Illusionen sind, um uns sicher zu fühlen.

Jedoch, wenn Sie morgens aus dem Haus gehen, Ihr blaues Auto vor der Tür sehen und damit zur Arbeit fahren, dann wissen Sie, wie Sie dorthin gekommen sind. Sie haben das Auto selbst bewegt, Sie erinnern sich an die Strecke, die Sie gefahren sind, und daran, wie Sie schließlich den Parkplatz erreicht haben. Dieser Prozess ist für uns alle selbstverständlich. Wir verlassen uns auf unsere Sinne – das Sehen, das Hören, das Fühlen – und vertrauen darauf, dass sie uns zuverlässig durch den Alltag führen.

Warum aber sollten diese Sinne, die uns in alltäglichen Situationen nicht im Stich lassen, plötzlich versagen, wenn wir etwas Außergewöhnliches erleben?

Warum wird so oft angenommen, dass Stress, Müdigkeit oder gar Halluzinationen die Ursache sind, wenn Menschen von Erfahrungen berichten, die nicht in das gewohnte Weltbild passen.
Natürlich können diese Faktoren manchmal eine Rolle spielen, das möchte ich hier gar nicht in Zweifel ziehen, doch sie können nicht jedes Erlebnis erklären.
Unsere Sinne sind erstaunlich präzise Werkzeuge, die uns die umgebende Materie so zeigt, wie wir sie im Rahmen unserer Sinne wahrnehmen können – unabhängig davon, ob das, was wir erleben, gewöhnlich oder außergewöhnlich ist. Manchmal sind die Dinge einfach wie sie sind.
Das Auto, das Sie morgens fahren, bleibt blau, egal wie oft Sie darüber nachdenken. Ebenso real sind die außergewöhnlichen Begegnungen, die Menschen wie ich erlebt haben. Warum also zweifeln wir an der Funktion unserer Wahrnehmung, nur weil das Gesehene oder Erlebte nicht in die übliche Logik passt? Eine der Fragen, die ich mir selbst stellte.
Viele Jahre später kam ich zu dem simplen Schluss, wenn etwas wie ein blaues Auto aussieht, dann ist es wahrscheinlich auch ein blaues Auto. Klingt profan, aber nach solch außergewöhnlichen Erfahrungen stellt man das ad hoc, aus nachvollziehbaren Gründen, erst einmal in Frage.

In den Jahren 2004 und 2005 wichen meine Zweifel – und das endgültig. Die Erlebnisse, die in dieser Zeit begannen, waren von einer Intensität, die mich schließlich zwang, das Offensichtliche mehr und mehr zu akzeptieren.

Ich war dreißig Jahre alt und lebte in einer Mietwohnung in einem kleinen 6-Parteien-Haus. Das Gebäude befand sich am Rand einer Kleinstadt, eingebettet in ein Neubaugebiet, das noch etwas steril wirkte, aber dennoch einen gewissen Charme hatte. Meine Wohnung war gemütlich, mit Wohnzimmer, Schlafzimmer, Küche, Bad und einem Balkon, der mir besonders wichtig war. Ich genoss es, dort die Abende zu verbringen, vor allem nach einem langen Arbeitstag. Es war ein Ort, an dem ich mich wohl und sicher fühlte – oder zumindest glaubte, mich sicher zu fühlen.

Zwischen 1995 und 2004 hatte es keine weiteren außergewöhnlichen Ereignisse gegeben. Diese Ruhe hatte mir unbewusst natürlich die Illusion vermittelt, dass nach 1995 alles vorbei war, dass ich ein normales Leben führe. Doch 2004 änderte sich das schlagartig. Es begann mit kleinen Vorfällen, die ich zunächst versuchte zu ignorieren. Mit jedem Monat wurden die Ereignisse intensiver. Dinge geschahen, die direkt aus einem Hollywood-Drehbuch stammen könnten – nur, dass ich unfreiwillig die Hauptrolle spielte.

In dieser Zeit fand ein radikales Umdenken in mir statt. Ich begann zu begreifen, wenn auch schmerzlich, dass die Natur dieser Ereignisse nicht einfach wegzuerklären war. Meine bisherigen Zweifel wurden durch das ersetzt, was ich als Gewissheit bezeichnen würde. Ich konnte nicht länger leugnen, was vor sich ging. Die scheinbare Sicherheit, die ich mir in den ruhigen Jahren aufgebaut hatte, brach zusammen. Es war eine Zeit, die mein Ich auf eine harte Probe stellte – ein Prozess, der mich bis heute prägt und ein Leben nachhaltig verändert.

2. Zwei Welten: Der Anfang und die Rückkehr

Beginnen wir im Jahr 1995. Ich war zwanzig Jahre alt und lebte zu dieser Zeit im Haus meiner Eltern, in jenem beschaulichen Dorf, in dem ich meine Kindheit verbrachte. Es war ein Tag wie jeder andere. Ich kam von der Arbeit, aß etwas und entspannte mich.
Ich bewohnte ein Zimmer im ersten Stock, dass ich mir einige Zeit zuvor aus eigenen Mitteln nach meinen Vorlieben eingerichtet hatte. Damals war ich noch der Typ Mensch, der sich einfach ins Bett legen und sofort einschlafen konnte. So auch an diesem Abend.
Schlafprobleme waren mir völlig fremd – so etwas kannte ich nicht.

Es geschah mitten in der Nacht. Ich wachte unvermittelt auf und bemerkte, wie ich mich langsam von der Seite auf den Rücken drehte. Der erste Schreck saß tief, als mir klar wurde, dass ich mich nicht aus eigenem Antrieb bewegte. Ich spürte die Bewegung, konnte sie aber nicht begreifen. Warum drehte sich mein Körper? Ich versuchte, dem entgegenzuwirken – doch dann traf mich der nächste Schock: Ich war vollkommen gelähmt. Heute kenne ich Begriffe wie „Schlafparalyse" und weiß, dass sich solche Zustände in gewissem Maße erklären lassen. Daher will ich diesem Umstand keine übertriebene Aufmerksamkeit schenken.

Da das Haus sehr alt war, verfügte es nicht über Rollläden, mit denen man den Raum komplett verdunkeln konnte. Stattdessen hatte ich innen angebrachte Alu-Rollos, wie man sie oft in Büros sieht. Die Straßenlaterne vor dem Haus tauchte den Raum in diffuses, warmes Licht. Schatten von Möbelstücken zeichneten sich schwach an den Wänden ab, und selbst in der tiefen Nacht blieb der Raum gerade hell genug, um alles um mich herum erkennen zu können. Diese vertraute Umgebung, die mir sonst Sicherheit gab, wirkte plötzlich fremd und bedrohlich – wie eine verzerrte Version dessen, was ich kannte.

Nachdem ich in diesem gelähmten Zustand vollständig auf den Rücken gedreht wurde, erlitt ich förmlich einen Schock.

Ich sah zur Zimmerdecke – und über mir spielte sich etwas ab, das ich nicht einordnen konnte. Dort war ein grauer, leicht leuchtender Wirbel. Er rotierte langsam, wurde zur Mitte hin heller, und genau in diesem Bereich schien die Zimmerdecke einfach nicht mehr zu existieren.

Mein Herz raste. Ich nahm meinen Herzschlag überdeutlich wahr. Jeder Schlag fühlte sich an, als würde er mir ins Bewusstsein schreien, dass dies tatsächlich geschah.

Ich begriff nicht, was hier gerade vorging.

Einige Sekunden später spürte ich, wie mein Körper langsam vom Bett abhob – wie in Zeitlupe.

In dem Moment, als ich das realisierte, drohte ich zu kollabieren. Mein Körper schüttete wohl Unmengen an Adrenalin aus. Ich war panisch und verspürte tatsächlich, zum ersten Mal in meinem Leben, Todesangst.

Mein Verstand kämpfte darum, irgendeinen Sinn in das zu bringen, was gerade geschah. Ich fragte mich, ob ich den Verstand verloren hatte. Wie konnte das real sein? Diese Kontrolle, die ich sonst über meinen Körper und meine Welt hatte, war vollständig ausgelöscht.

Ich wollte schreien, doch selbst das war im gelähmten Zustand unmöglich. Langsam schwebte ich über der Matratze, stetig in Richtung des Wirbels. Die schon bestehende Todesangst erreichte ein Level, das gefühlt kaum noch zu steigern war – ich fühlte mich, als würde mein Herz jeden Moment stehenbleiben.

Ich hielt es tatsächlich in diesem Augenblick für möglich, an einem Herzschlag zu sterben, noch bevor ich den Wirbel erreichte. Vielleicht war dieses Übermaß an körperlichem und psychischem Stress der Grund, warum der Spuk plötzlich aufhörte. Der Wirbel verschwand, und ich fiel augenblicklich zurück auf die Matratze.

Noch starr vor Angst lag ich da, unfähig, meine Gedanken zu ordnen. Nach einem Moment des Besinnens stieß ich einen kurzen, rauen Schrei aus, sprang aus dem Bett und stolperte ungelenk durch das Zimmer.
Meine Beine fühlten sich schwach an, fast wie aus Gummi, und ich hatte Mühe, mich auf den Beinen zu halten. An der Tür blieb ich schließlich stehen, atemlos, mit wild klopfendem Herzen. Langsam drehte ich mich um und starrte zurück zur Zimmerdecke – genau dorthin, wo kurz zuvor noch dieser mysteriöse Wirbel war. Ich blieb regungslos stehen, wie eingefroren, und blickte bestimmt eine Minute lang nach oben, während meine Gedanken wild hin und her sprangen.

Es ist faszinierend, wie der Kopf in solchen Momenten reagiert. Ständig spielte ich das Geschehene in meinem Geist ab, immer und immer wieder. Es war wie ein verzweifeltes Ringen nach einer Erklärung. Mein Verstand schien förmlich zu kämpfen, das Erlebte in bekannte Muster einzuordnen – so, wie ein Kind mit einem Würfel, der nicht durch die vorgesehenen Öffnungen passt. Doch die „Öffnungen" in meinem Kopf, die für logische Erklärungen reserviert waren, boten keinen Platz für das, was ich gesehen hatte. Der Würfel blieb außen vor, unpassend und unverstanden.
Einige Stunden zogen sich dahin, während ich wach im Bett saß und meinen Blick immer wieder zur Decke hob, als könnte der Wirbel plötzlich wieder auftauchen. Doch da war nichts mehr, nur die dumpfe Stille der Nacht, die mich seltsam unruhig machte.

Schließlich war es die pure Erschöpfung, die mich dazu brachte, mich wieder hinzulegen. Die Müdigkeit übernahm die Kontrolle, und irgendwann fand ich in einen unruhigen Schlaf. Am nächsten Morgen war das Aufstehen alles andere als leicht. Das Erlebte war sofort wieder präsent, wie ein dunkler Schatten, der mich begleitete. Mit schweren Gedanken begab ich mich auf den Weg zur Arbeit, die Autofahrt fast wie in Trance. Immer wieder rollte ich die Ereignisse der Nacht vor meinem inneren Auge ab, in der Hoffnung, einen neuen Blickwinkel zu finden, der mir endlich eine Erklärung liefern würde. Es war, als hätte sich mein Verstand entschieden, mich im Stich zu lassen.

Nach den ersten Tagen, in denen ich das Erlebte zunächst zu verdrängen versuchte, begann ich irgendwann, das Ereignis mit einem anderen Blick zu betrachten. Ich wollte verstehen, was geschehen war – rational und logisch. Vielleicht war es nur ein Traum gewesen, ein Überbleibsel meiner Fantasie?

Ich begann, mir wieder die Details der Nacht in Erinnerung zu rufen. War der Wirbel über der Decke vielleicht eine optische Täuschung? Konnte das Licht der Straßenlaterne, das durch die Rollos fiel, eine Art Schattenspiel erzeugt haben? Und was war mit meinem Körper? Hatte ich einfach zu lange in einer unnatürlichen Position gelegen? Ein Krampf?

Diese Gedanken klangen zunächst plausibel, doch je mehr ich darüber nachdachte, desto weniger Sinn ergaben sie.

Mein Herzschlag, die Todesangst, die spürbare Bewegung meines Körpers, das zurückfallen auf die Matratze – das waren keine bloßen Einbildungen. Sie fühlten sich zu real an, um nur Produkte meiner Fantasie zu sein.

Angst ist eine der ursprünglichsten und mächtigsten Emotionen, die wir Menschen besitzen. Sie ist tief in unserem Wesen verankert, ein Überbleibsel aus einer Zeit, in der unser Überleben davon abhing, wie schnell wir auf Gefahren reagieren konnten. Angst versetzt uns in Alarmbereitschaft – sie macht uns schneller, aufmerksamer und bereit, zu kämpfen oder zu fliehen.

Doch was passiert, wenn keine dieser Optionen möglich ist?
In einer Situation wie der, die ich erlebt habe, ist die Angst greifbar. Sie durchdringt jede Faser des Körpers, lähmt den Verstand und lässt rationales Denken fast unmöglich erscheinen. Es ist eine Angst, die nicht auf einer klaren Bedrohung wie einem Raubtier basiert, sondern auf dem Unfassbaren, auf etwas, das unser Verstand nicht einordnen kann.
Genau das ist der Punkt: Wir fürchten am meisten das, was wir nicht verstehen.

Die völlige Hilflosigkeit, die plötzliche Erkenntnis, die Kontrolle über den eigenen Körper verloren zu haben – das ist etwas, auf das uns nichts vorbereiten kann. Es ist wie ein Kampf gegen einen unsichtbaren Gegner, der die Regeln der Realität bricht. Selbst die mutigsten unter uns könnten in einem solchen Moment von der Intensität der Angst überwältigt werden.

Was mich im Nachhinein fasziniert, ist die körperliche Komponente der Angst. Sie lässt das Herz rasen, die Muskeln anspannen und den Atem stocken. Es fühlt sich an, als würde der Körper alles daransetzen, uns zu retten – doch gleichzeitig bleibt er starr und handlungsunfähig. Vielleicht ist das der Grund, warum Angst so oft als Schwäche missverstanden wird. Dabei ist sie nichts Anderes als ein Überlebensmechanismus, der uns schützen soll. Rückblickend verstehe ich, meine Reaktion. Sie war ein natürlicher Reflex, ein unausweichlicher Teil dessen, was es bedeutet, Mensch zu sein.

Angst ist nicht das Gegenteil von Mut – sie ist der Test, der uns zeigt, wozu wir fähig sind.

Viele Menschen denken, dass mutige Menschen keine Angst haben. Das stimmt aber nicht. Mut existiert nur in Anwesenheit von Angst – denn ohne Angst gäbe es keinen Grund, mutig zu sein. Mut bedeutet, trotz der Angst zu handeln, sie zu überwinden oder ihr ins Gesicht zu sehen.

Angst stellt uns auf die Probe. Sie zeigt uns unsere Grenzen, unsere Schwächen, aber auch unsere Stärken. In solchen Momenten wird deutlich, wie wir auf extreme Situationen reagieren und welche Fähigkeiten oder Kräfte wir mobilisieren können.

Angst bringt oft unerwartete Reaktionen zutage: Sie kann uns schwächen, aber auch eine Kraftquelle sein. Sie zwingt uns, unsere Komfortzone zu verlassen und zu entdecken, wie wir uns in Extremsituationen behaupten können. Genau darin liegt der „Test", den die Angst darstellt – und der uns zeigt, wie wir mit schwierigen oder bedrohlichen Situationen umgehen.

Dieses Erlebnis war zweifellos eine solche Prüfung. Ich versuchte weiterhin, die Ereignisse durch eine eher wissenschaftliche Brille zu betrachten und zu erklären. Und ich fragte mich: Warum hatte sich das alles so echt angefühlt? Warum diese absolut klare Wahrnehmung des Wirbels über mir?

Auch physikalische Erklärungen zogen durch meinen Kopf.

Vielleicht war es eine elektromagnetische Störung? Es heißt doch, dass Magnetfelder seltsame Auswirkungen auf das Gehirn haben können.

Womöglich spielte das alte Haus eine Rolle? Ich erinnerte mich, wie jemand einmal sagte, dass ältere Gebäude aufgrund alter Leitungen manchmal unregelmäßige elektrische Felder erzeugen könnten. Aber passte das wirklich zu dem, was ich erlebt hatte?

Während ich mich mit all diesen Überlegungen beschäftigte, merkte ich, wie ich immer wieder in die gleichen Gedankenschleifen geriet. Jede mögliche Erklärung schien entweder unzureichend oder völlig an den Haaren herbeigezogen zu sein. Sehr interessant, wie der menschliche Geist arbeitet. Wir suchen immer nach Mustern, nach Ursachen, nach Logik. Doch manche Erlebnisse entziehen sich all dem. Das Erlebnis von 1995 war für mich der erste Moment, in dem ich begann, an den Grenzen meiner eigenen Vorstellungskraft zu kratzen.

Um den gesundheitlichen Aspekt hier einmal aufzugreifen: Zu dieser Zeit war ich in einer guten Verfassung. Ich hatte keine körperlichen Beschwerden, die auf mögliche Ursachen für ein solches Erlebnis hätten hindeuten können. Meine regelmäßigen sportlichen Aktivitäten sorgten dafür, dass ich über eine gute Ausdauer und allgemeine Fitness verfügte. Ich kann mich nicht erinnern, schlechte Blutwerte oder andere ungesunde Werte gehabt zu haben. Kurz gesagt: Ich fühlte mich fit, gesund und stark.

Beim Sport spürte ich die Kraft meiner Muskeln, die Kontrolle über meine Bewegungen und die Unbeschwertheit meiner jugendlichen Gedanken. Doch in dieser Nacht war davon nicht viel übrig. Meine körperliche Fitness war bedeutungslos. Ich war vollständig ausgeliefert.

Letzten Endes schob ich das Erlebnis immer weiter beiseite, bis die Gedanken daran nur noch selten auftauchten. Dies nennt man wohl Verdrängung – eine Schutzfunktion des Geistes, um nicht an dem Unfassbaren zu verzweifeln.

So vergingen die Monate, die Jahre und genauso verschwand schließlich das Erlebte aus meinem Bewusstsein.

In den folgenden neun Jahren lebte ich mein Leben weiter. Privat wie auch beruflich änderten sich manche Dinge in dieser Zeit. Wie bereits erwähnt, wohnte ich im Jahr 2004 in einem 6-Parteien-Haus am Rande einer kleinen Stadt in Hessen.

Meine Wohnung befand sich im obersten Stockwerk des Hauses, das auf jeder Ebene zwei Wohnungen beherbergte. In der Wohnung nebenan lebte eine ältere, alleinstehende Frau, die zufällig eine Bekannte meiner Mutter war.

Eines Abends im Herbst, nachdem ich mich schlafen gelegt hatte, hörte ich plötzlich laute Geräusche über mir – vom Dachboden. Es klang, als ob ein schwerer Mann auf dem Dachboden langsam über lose Bretter ging, die dabei knarrend nachgaben. Die Geräusche hatten einen eigenen Rhythmus, der genau zu der Vorstellung passte, dass jemand hin und her ging. Nach einigen Minuten verstummten sie wieder. Ich war irritiert, aber schob es beiseite und schlief ein.

In den folgenden Wochen wiederholte sich das Phänomen. Die Geräusche traten unregelmäßig auf, immer kurz nachdem ich mich ins Bett gelegt hatte, und klangen jedes Mal ähnlich. Mal schienen die Schritte aus größerer Entfernung zu kommen, dann wieder direkt über meinem Kopf. Merkwürdigerweise waren sie nie zu hören, solange ich abends noch vor dem Fernseher saß und wach war.

Langsam begann ich mich zu fragen, was diese Geräusche verursachen könnte. Es war eindeutig: Schritte auf dem Dachboden – doch dort war niemand. Der einzige Zugang war eine Klappe im Flur vor meiner Wohnungstür, aus der man eine schmale Treppe herunterklappen konnte.

Ich wusste, wie laut das Öffnen dieser Klappe war, denn ein Jahr zuvor war ich zusammen mit meinem Vermieter dort oben, um uns ein Wespennest anzusehen. Ohne das typische Geräusch der

Klappe war es unmöglich, dass jemand unbemerkt den Dachboden betreten konnte.

Eines Abends klingelte meine Nachbarin an der Tür. Sie wirkte besorgt und fragte mich direkt, ob ich die Geräusche ebenfalls hören würde. Ich bejahte, und wir begannen, über die mögliche Ursache zu spekulieren. Ohne dass ich etwas dazu gesagt hatte, meinte sie, es klänge, als ob dort oben jemand hin und her ginge.
Sie gestand mir, dass ihr das Angst machte und sie sich in ihrer Wohnung zunehmend unwohl fühlte.
Gemeinsam beschlossen wir, den Vermieter anzurufen und ihn um eine Begehung des Dachbodens zu bitten.

Einige Tage später war es soweit. Zu dritt stiegen wir die schmale, knarrende Leiter hinauf und betraten den Dachboden. Der Dachboden war karg, die Balken warfen Schatten, und die Luft war abgestanden. Während wir uns langsam verteilten, um jede Ecke zu überprüfen, lauschte ich angespannt auf jedes noch so kleine Geräusch. Doch es war nichts – keine Spur einer fremden Person, kein Hinweis darauf, dass sich jemand hier oben aufhielt oder aufgehalten hätte in jüngster Zeit.

Für den Vermieter war die Sache klar: Es müsse ein Marder oder ein Waschbär sein. Er versuchte, meine Nachbarin zu beruhigen, doch man sah ihr an, dass sie diese Erklärung nicht überzeugte.
Trotz unserer Untersuchung gingen die Geräusche noch einige Wochen weiter. Jeden Abend, sobald ich mich hingelegt hatte, hörte ich die Schritte wieder.
Dann, so plötzlich, wie die Geräusche aufgetreten waren, verschwanden sie. Meine Nachbarin und ich nahmen das mit einem Schulterzucken zur Kenntnis – ratlos, aber erleichtert.

Doch nur wenige Tage später verlagerten sich die Ereignisse. Als ich eines Abends wieder im Bett lag, die Augen bereits geschlossen, hörte ich plötzlich Schritte im Raum. Ich erschrak natürlich. Ohne nachzudenken, griff ich hektisch nach dem Schalter meiner Nachttischlampe und ließ meinen Blick durch den erhellten Raum wandern. Doch niemand war zu sehen.

Dieses Schauspiel sollte sich in den kommenden Wochen noch oft wiederholen. Inzwischen war ich bei jedem Zubettgehen angespannt und nervös, weil ich förmlich darauf wartete, dass die Schritte wieder einsetzten. Die Stille der Nacht, die ich früher als angenehm empfunden hatte, wurde zunehmend zu einer Quelle der Anspannung.
Jeder kennt das Gefühl, wenn man sich hingelegt hat, das Licht erloschen ist und die Dunkelheit einen umfängt. Diese Ruhe, die den Raum erfüllt, scheint greifbar. Doch wenn diese Stille durch etwas unterbrochen wird, das nicht da sein sollte – Schritte in unmittelbarer Nähe – fühlt es sich an, als würde der eigene Raum plötzlich fremd und bedrohlich.

Das beschäftigte mich nun auch während meiner Arbeitszeit und ich dachte intensiv darüber nach, wenn es die Zeit erlaubte. Natürlich kam ich zu keinem befriedigenden Ergebnis.
Ich entschied mich schließlich dazu, testweise meinen Schlafplatz ins Wohnzimmer zu verlagern. Also schob ich ein paar Möbel beiseite, um ausreichend Platz zu schaffen, und platzierte die Matratze im Wohnzimmer.
In den folgenden Nächten hörte ich keine Schritte mehr, wenn ich einschlafen wollte. Alles war ruhig und so, wie es sein sollte.
Das beruhigte mich einerseits, denn ich konnte endlich wieder normal einschlafen. Andererseits fragte ich mich jedoch, was wohl

passieren würde, wenn ich meine Schlafstätte wieder ins Schlafzimmer verlegen sollte.

Ich muss zugeben, dass ich es sogar ein wenig genossen habe, vor dem Fernseher einzuschlafen. Die vertrauten Geräusche und das flackernde Licht gaben mir eine Sicherheit, die ich im Schlafzimmer nicht mehr wirklich fühlte. Deshalb hielt ich diesen Zustand noch eine Weile aufrecht.

Doch bevor ich den Umzug zurück ins Schlafzimmer überhaupt realisieren konnte, sollte ich schon bald wieder auf eine Weise auf die Probe gestellt werden, die sich erneut jeder logischen Erklärung entziehen sollte.

In einer kalten Dezembernacht geschah also wieder das Unglaubliche.

Nachdem ich mich abends vom Fernsehprogramm im Wohnzimmer habe berieseln lassen und der Sleeptimer des Fernsehers aktiv wurde, schlief ich recht schnell ein.

Mitten in der Nacht riss mich ein plötzlicher Lärm aus dem Schlaf. Es war ein scharfes, rhythmisches Knattern, begleitet von einem tiefen, vibrierenden Summen das an den Klang von elektrischen Entladungen erinnerte – als würde eine Hochspannungsleitung direkt in der Luft knistern. Es war wirklich ziemlich laut. Ich war augenblicklich hellwach und bemerkte, dass mein Körper vollkommen paralysiert war. Wie 1995.

Ich konnte nichts bewegen, nicht einmal einen Finger. Lediglich meine Augen waren ohne Einschränkungen.

In diesem Moment schoss mir ein einziger Gedanke durch den Kopf: Nicht schon wieder.

Zwischen dem tosenden Lärm nahm ich meine Katze wahr, die sich zu diesem Zeitpunkt im Flur links neben mir befand. Sie machte ebenfalls Geräusche, die mir ihre Panik verrieten, und schien verzweifelt Schutz zu suchen, da ich hören konnte, wie sie hin und her raste.

Hatte sie das, was auch immer das war, schon bemerkt, bevor es mich aus dem Schlaf gerissen hatte? Ich konnte nichts tun.

Unfähig, einzugreifen, blieb mir aufgrund der Paralyse nichts Anderes übrig, als abzuwarten.

Was ich als Nächstes sah, konnte ich nicht begreifen.

Eine Art Strahl, etwa 30 bis 40 Zentimeter im Durchmesser, schob sich durch das vom Rollo verdeckte Fenster rechts von mir. Die Geschwindigkeit, mit der er dies tat, war langsam genug, dass man zusehen konnte, wie der Strahl immer länger wurde. Er fand schließlich sein Ziel direkt vor mir an der Wand.

Der Strahl selbst war wie eine statische Säule im Raum, die sich vom Fenster bis zur Wand erstreckte. Dann begann er sich zu verändern.

Er zog sich zusammen, wurde flacher und breitete sich ähnlich einem Fächer im Raum aus. Ich konnte meine arme Katze weiterhin hören, wie sie verzweifelt hin und her raste, offenbar unfähig, mit der Situation zurechtzukommen und dabei klägliche Laute ausstieß.

Nachdem der Strahl, dessen Farbe übrigens am ehesten einem Braunton zuzuordnen war, sich ausgebreitet hatte, begann ich einen ziehenden Schmerz in meinem Genitalbereich wahrzunehmen.

Dieser Schmerz steigerte sich von Sekunde zu Sekunde und erreichte ein äußerst unangenehmes, beinahe unerträgliches Level. Gleichzeitig nahm ich in diesem Bereich ein starkes Hitzegefühl war.

Nach etwa fünf bis acht Sekunden verschwand der Strahl. Er glitt ebenso langsam wieder aus dem Raum, wie er erschienen war.

Ich konnte durch das nicht ganz geschlossene Rollo einen kurzen, hellen Lichtimpuls wahrnehmen, der von etwas stammte, das sich direkt vor dem Fenster, im zweiten Stock, befunden haben musste. Kurz darauf verschwand dieses Etwas nach oben.

Noch im Bett liegend fixierten meine Augen das Fenster, als könnte ich die Ereignisse dadurch irgendwie begreifen. Mein Kopf war voller Fragen, doch eine wiederholte sich wie ein Echo: War das wirklich das Ende? Oder war es erst der Anfang von etwas noch Größerem?
Befreit von der Paralyse drehte ich mich zum Flur und rief nach meiner Katze.
Ohne zu zögern rannte sie in meine Richtung, sprang aufs Bett und kroch unter die Decke. Dort schmiegte sie sich fest an meine Brust, ihr kleiner Körper zitterte spürbar. Ich hielt sie instinktiv, spürte ihre Nähe und das vertraute Gefühl gab mir in diesem Moment mehr Halt, als ich erwartet hätte.
Seltsamerweise verfiel ich dieses Mal nicht in die gleiche Panik wie im Jahr 1995. Ich glaube, das lag daran, dass mein Gehirn diesmal ein Referenzerlebnis hatte, auf das es zugreifen konnte. Damals hatte mich die plötzliche Konfrontation mit dem Unbekannten völlig überrumpelt, doch jetzt war es anders. Scheinbar macht es einen Unterschied, ob man sich bereits einmal mit dem Unbegreiflichen konfrontiert sah – selbst, wenn es keinen Sinn ergibt.

3. Die wachsende Furcht: Ungebetene Gäste

So vergingen die Wochen und Monate. Und so erstaunlich ruhig ich das neuerliche Erlebnis zunächst wegsteckte, so sehr wuchs mit der Zeit meine innere Anspannung.

Die Wohnung – ein Ort, der normalerweise als Rückzugsraum und Quelle der Sicherheit dient – begann für mich, diese Funktion nach und nach zu verlieren. Die vermeintliche Geborgenheit wich Stück für Stück einer unangenehmen Erkenntnis: Ich war in meinen eigenen vier Wänden nicht so sicher, wie ich immer geglaubt hatte. Diese Einsicht, so unscheinbar sie vielleicht klingen mag, hat etwas Erschreckendes. Sie rüttelt an einem Grundbedürfnis, das jeder Mensch in sich trägt: das Gefühl, einen Ort zu haben, an dem man geschützt ist.

Psychologisch betrachtet hat Sicherheit eine elementare Funktion. Sie gibt uns Stabilität, hält Stress in Schach und ermöglicht es uns, die Welt kontrollierbar und vorhersehbar zu empfinden. Doch was passiert, wenn dieses Grundgefühl verloren geht? Stellen Sie sich vor, Sie gehen jeden Abend ins Bett mit dem festen Wissen, dass die Haustür abgeschlossen ist und niemand einfach so hereinkommen kann. Und eines Nachts wachen Sie auf und finden die Tür offen, obwohl Sie sicher sind, dass Sie sie verriegelt haben. Selbst wenn nichts weiter passiert, wäre dieses Erlebnis genug, um Sie von da an jeden Abend zweimal, vielleicht dreimal prüfen zu lassen, ob die Tür wirklich zu ist.

Genau so fühlte es sich an – nur, dass meine „offene Tür" nicht greifbar war. Es war ein diffuses Gefühl, dass etwas nicht stimmte, dass ich in meiner eigenen Wohnung nicht mehr wirklich sicher war. Dieses Gefühl brachte einen inneren Widerspruch mit sich: Einerseits wollte ich rational bleiben, wollte die Erlebnisse irgendwie erklären. Andererseits war da diese emotionale Reaktion, die mich in einen Alarmzustand versetzte, der sich nicht einfach abschalten ließ.

Dieser Konflikt zwischen Verstand und Gefühl wurde zu einer ständigen Begleitung. Wie konnte ich abends ruhig ins Bett gehen, wenn ich gleichzeitig spürte, dass meine Umgebung sich verändert hatte? Meine Wohnung, die ich früher als Zufluchtsort gesehen hatte, begann sich immer mehr wie ein fremder Ort anzufühlen – ein Raum, der zwar derselbe geblieben war, sich aber nicht mehr so „anfühlte".

Diese Anspannung schlich sich immer tiefer in meinen Alltag. Die Ungewissheit machte es schwer, die Erlebnisse einfach beiseitezuschieben, und mit jeder Nacht verstärkte sich der Eindruck, dass meine einst so stabile Welt langsam aus den Fugen geriet.

So begann ich, in einem Zustand zu leben, der von ständiger Wachsamkeit geprägt war. Mein Verstand wollte alles analysieren, wollte alles erklären, aber mein Gefühl schickte immer wieder warnende Signale. Diese innere Spannung, dieser ständige Widerspruch, war zermürbend.

Es fühlte sich an, als ob zwei Teile von mir – der rationale und der emotionale – in einem endlosen Konflikt miteinander lagen.

In den Folgemonaten, bis Anfang Juli 2005, ereigneten sich zwar keine solch dramatischen Ereignisse mehr wie zuvor, doch das bedeutete keineswegs, dass ich zur Ruhe kam. Stattdessen wurde ich auf andere, etwas subtilere Weise gefordert.

Es begann damit, dass ich schattenhafte, menschenähnliche Umrisse wahrnahm, auf die auch meine Katze reagierte. Fast immer wurden diese Erscheinungen von unregelmäßigen, aber deutlich wahrnehmbaren Klopfgeräuschen begleitet.

Mein Wohnzimmer war durch eine große Tür mit geriffeltem Glaseinsatz vom Flur getrennt. Abends, wenn ich auf der Couch saß und der Fernseher lief, nahm ich immer wieder aus dem Augenwinkel eine schattenhafte Gestalt wahr. Sie schien hinter dem Riffelglas im Flur zu stehen. Anfangs verschwand die Erscheinung sofort, sobald ich meinen Kopf drehte, um genauer hinzusehen.

Unter normalen Umständen hätte ich so etwas vermutlich als Einbildung oder Lichtreflexion vom Fernseher abgetan. Ich denke, viele hätten das genauso gesehen. Und tatsächlich tat ich das anfangs auch.

Doch eines Abends änderte sich das. Ich nahm wieder eine Gestalt aus dem Augenwinkel wahr und drehte reflexartig meinen Kopf. Doch diesmal war es anders: Die humanoid wirkende Erscheinung blieb. Sie verschwand nicht.

In diesem Moment wurde ich von einem seltsamen Gefühl erfasst, einer Mischung aus Schock, Beklemmung und Faszination. Meine Katze, Kira, stand mitten im Raum, die Haare gesträubt, und starrte genau denselben Bereich an, den auch ich fixierte. Ihre Haltung sprach Bände – sie war angespannt, als wäre sie bereit, jederzeit zu flüchten, aber zugleich wie erstarrt vor der Erscheinung.

Einige Augenblicke später bewegte sich die Gestalt langsam nach rechts. Sie löste sich dabei einfach auf, als wäre sie im Nichts verschwunden.

In dem Moment zuckte Kira kurz zurück, als hätte sie instinktiv auf die Bewegung reagiert.

Ich stand auf, kniete mich neben Kira, streichelte sie beruhigend und hielt meinen Blick dabei fest auf die Stelle gerichtet, wo wir beide eben noch eine Gestalt gesehen hatten. Mein Herz schlug schnell, und ich musste mich kurz sammeln, bevor ich genug Mut fasste, um in den Flur zu gehen.

Mit unruhigen Fingern knipste ich das Licht an und suchte den Flur ab.

Ich sah mich genau um, überprüfte die Tür, die Wände, jede Ecke
– doch es war nichts Ungewöhnliches zu finden. Kein Hinweis auf
das, was gerade geschehen war.

Solche Ereignisse sollten sich noch mehrfach wiederholen.
Manchmal kündigten sie sich durch Klopfgeräusche an, die ich inzwischen als eine Art Vorankündigung empfand. Diese Klopfgeräusche waren nicht zu ignorieren – sie waren intensiv und schienen direkt aus der unmittelbaren Umgebung zu kommen. Ihr Klang
war klar und deutlich.
Ich erinnere mich gut daran, wie oft ich in dieser Zeit von Gänsehaut überzogen war. Die Geräusche, die Erscheinungen und die
Reaktionen meiner Katze ließen kaum Zweifel daran, dass hier etwas Ungewöhnliches geschah das man schwerlich erklären
konnte.
Mit jedem dieser Vorfälle stieg meine innere Anspannung weiter
an. Die Kombination aus den schattenhaften Gestalten und den
Klopfgeräuschen raubte mir allmählich das Gefühl von Kontrolle
und Sicherheit das ich mir so sehr zurückwünschte.
In der Folge des Ganzen, hatte ich mit einer weiteren Begleiter-
scheinung zu kämpfen, mit der ich so gar nicht gerechnet habe.
Ich nenne es mal Dunkelangst.

In meiner frühen Kindheit war dies ein Thema das sich allerdings
mit zunehmendem Alter schnell verflüchtigte. Nun, als erwachse-
ner Mann, hatte ich es also wieder damit zu tun und ich schämte
mich fast dafür.
Die Ausprägung meiner neuerlichen Dunkelangst traf mich plötzlich, völlig unerwartet und in einem unangenehmen Ausmaß.
Ich konnte überhaupt nur noch mit Licht einschlafen und es wurde
abends auch später bevor ich einschlafen konnte.
Und wieder litt meine Schlafqualität ein weiteres Stück.

Angst vor der Dunkelheit, ist ein Zustand, der eigentlich oft mit Kindern in Verbindung gebracht wird, dachte ich. Wie ich inzwischen weiß: Auch Erwachsene können darunter leiden. Die Dunkelheit, die für viele Menschen eine Zeit der Ruhe und Erholung bedeutet, wird für Betroffene zu einem Auslöser intensiver Angstgefühle. In meinem Fall scheinen die Auslöser in meinen ungewöhnlichen Erlebnissen zu liegen. Die Kombination aus unerklärlichen Geräuschen, schattenhaften Erscheinungen und dem Gefühl, beobachtet zu werden, hat meine Wahrnehmung von Sicherheit in der Nacht nachhaltig erschüttert.

Ich finde es wichtig zu verstehen, dass diese Art der Angst keine Schwäche oder Einbildung ist. Sie ist eine reale körperliche und psychologische Reaktion, die auf tief verwurzelten Instinkten basiert. In der Dunkelheit, wenn unser Sehvermögen eingeschränkt ist und unsere Sinne verstärkt arbeiten, wird unser Unterbewusstsein besonders aufmerksam. Jede ungewöhnliche Wahrnehmung kann wie ein Funke wirken, der die Angst entfacht.

Dabei ist Dunkelangst nicht immer rational. Sie folgt keiner logischen Struktur und ist für Außenstehende oft schwer nachzuvollziehen.

Erwachsene, die das erleben, stehen oft vor der Herausforderung, sich selbst zu verstehen und mit den Auswirkungen auf ihr Leben umzugehen. Für mich bedeutete es, nicht nur mit der Angst zu leben, sondern auch zu versuchen, die Ereignisse, die sie auslösten, einzuordnen. Die Erfahrungen, die ich machte, verstärkten meine innere Unruhe.

Auch wenn die Furcht vor der Dunkelheit kein ständiger Begleiter ist, kann sie tiefe Spuren hinterlassen. Sie verändert die Wahrnehmung von Sicherheit, von Ruhe und von dem, was wir als „normal" empfinden. Für Betroffene ist es oft ein langer Prozess, diese Gefühle zu akzeptieren und einen Weg zu finden, damit umzugehen – insbesondere, wenn die Ursache der Furcht selbst rätselhaft bleibt.

Offenheit, das Teilen von Erfahrungen und das Wissen, dass man nicht allein ist, können bereits helfen, einen ersten Schritt zur Bewältigung zu machen.

In dieser Zeit entwickelte ich ein starkes Bedürfnis, über die Erlebnisse und meine Situation zu sprechen. Es fühlte sich an, als würde mein Unterbewusstsein aktiv dazu raten, das Schweigen zu brechen.

Wie heißt es so schön: Geteiltes Leid ist halbes Leid.

Doch wem sollte ich all das erzählen, ohne Gefahr zu laufen, für geisteskrank oder psychotisch erklärt zu werden? Im Jahr 2005 waren die Themen, die mich beschäftigten, noch weitaus weniger gesellschaftlich diskutabel als heute.

Familie, Freunde, Bekannte, Arbeitskollegen? All diese Möglichkeiten verwarf ich schnell wieder. Die Wahrscheinlichkeit, auf einen Schlag sein Ansehen zu verlieren, war einfach zu groß. Ich lebte in einer Kleinstadt – und in so einem Umfeld reicht es, der falschen Person etwas zu erzählen, damit Gerüchte entstehen, die kaum aufzuhalten sind. Die Vorstellung, dass man über mich tuscheln könnte, ließ mich zögern.

Schließlich gab ich meinem Bedürfnis, darüber zu sprechen, erst einmal nicht nach. Ich behielt alles für mich, auch wenn ich spürte, wie sehr mich das Schweigen belastete.

Doch während ich schwieg, sah ich, dass die Ereignisse um mich herum sich weiter zuspitzten. Immer wieder tauchten Phänomene auf – darunter eben diese rätselhaften Klopfgeräusche, die sich mir besonders ins Gedächtnis brannten.

Klopfgeräusche gehören zu den ältesten dokumentierten Phänomenen im Bereich unerklärlicher Erfahrungen. Im Zusammenhang mit Berichten über UFOs/UAPs und Begegnungen mit außerirdischen Wesen wird solchen Geräuschen zunehmend Bedeutung beigemessen. Viele Menschen, die von solchen Begegnungen erzählen, schildern wiederholt das Auftreten von Klopfgeräuschen – an Wänden, Böden oder Möbeln –, die scheinbar ohne erkennbare Ursache entstehen.

Im Kontext von Alien-Erfahrungen werden diese Geräusche oft als Vorboten interpretiert, die auf die bevorstehende Anwesenheit von etwas Unbekanntem hinweisen. In einigen Berichten wird das Klopfen als gezielt beschrieben, fast wie eine Form der Kontaktaufnahme.

Andere Erzählungen deuten darauf hin, dass die Geräusche eher zufällig wirken, als unbeabsichtigtes Nebenprodukt von Aktivitäten, die nicht unserer Realität entstammen.

Ein häufig erwähnter Zusammenhang besteht zwischen Klopfphänomenen und den sogenannten „Greys" – jenen grauhäutigen, humanoiden Wesen, die in vielen Berichten von Entführungen oder Begegnungen auftauchen. In diesen Geschichten wird das Klopfen oft als eine Art unbewusste Ankündigung ihrer Anwesenheit beschrieben.

Manche deuten die Geräusche als eine Form von Manipulation unserer physischen Umgebung, die im Zuge ihres Auftauchens entsteht.

Interessanterweise ähneln sich viele dieser Berichte unabhängig von Ort oder Zeit in erstaunlicher Weise. Die meisten Betroffenen schildern das Klopfen als laut genug, um Aufmerksamkeit zu erregen, aber ohne eine klare Quelle oder Ursache. Dieses Fehlen einer offensichtlichen Erklärung führt häufig zu Verwirrung oder wachsender Anspannung bei den Betroffenen.

In einigen Fällen gehen diese Klopfgeräusche mit anderen Begleiterscheinungen einher, etwa ungewöhnlichen Lichtern, plötzlichen Vibrationen
oder einem allgemeinen Gefühl von Verunsicherung. Auch diese Muster wiederholen sich in vielen Berichten. Dabei entsteht häufig der Eindruck, dass die Klopfphänomene kein Zufall sind, sondern einen bewussten oder unbewussten Teil des gesamten Erlebnisses darstellen.

Besonders interessant ist die Tatsache, dass Klopfphänomene häufig in Momenten beschrieben werden, in denen sich die Betroffenen in einem Zustand der Ruhe befinden – sei es abends vor dem Schlafengehen oder in entspannten Alltagssituationen. Dies scheint darauf hinzudeuten, dass diese Geräusche eine gezielte Wirkung haben könnten, indem sie die Aufmerksamkeit der Betroffenen bewusst auf sich ziehen.

An einem Sonntag, es war der 10. Juli 2005, sollte meine ohnehin schon angekratzte Welt erneut massiv erschüttert werden.
In der Nacht von Samstag auf Sonntag hatte ich nicht gut schlafen können. Dementsprechend fühlte ich mich müde und abgeschlagen. Nach meinem gewohnten Frühstück folgte ein kurzer Spaziergang, danach ein Telefonat und etwas Entspannung auf dem Balkon.
Gegen 14:00 Uhr machte ich es mir auf der Couch bequem und ließ mich vom Fernseher berieseln. Etwa eine Stunde später entschied ich mich, ein kurzes Schläfchen einzulegen, um das Defizit der vergangenen Nacht auszugleichen. Der Erfolg war anfangs jedoch überschaubar, da ich nicht wirklich in einen tiefen Schlaf fand. In der folgenden Stunde wachte ich immer wieder auf. Ich lag auf dem Rücken, und in einem kurzen Moment des Schlafs geschah es dann.

Ich erwachte erneut – dieses Mal hart und unsanft –, und sofort spürte ich, dass etwas ganz und gar nicht stimmte.

In einem Zustand völliger Paralyse wanderten meine Augen wild hin und her. Ich versuchte aufzustehen, doch mein Körper gehorchte mir nicht im Ansatz. Die Atmosphäre im Raum fühlte sich verändert an. Es ist schwer zu erklären – irgendwie schwerer, dichter. Die Luft fühlte sich an, als wäre sie von unsichtbarem Druck erfüllt.

Bis zu diesem Punkt hätte ich vielleicht noch versucht, eine rationale Erklärung zu finden. Doch das, was dann geschah, entzog sich jeder Logik.

Ich wurde unfreiwilliger Zeuge, wie sich mein Oberkörper langsam, aber stetig von der Couch entfernte. Er hob sich nach oben, während meine Füße weiterhin die Couch berührten. Aus der Seitenperspektive hätte ich nun eine diagonale Position eingenommen. Es muss ausgesehen haben wie in diesen alten Vampirfilmen, in denen sich der Untote Blutsauger mit dem Kopf voran aus seinem Sarg erhebt.

Mit all meiner Kraft versuchte ich, die Paralyse zu durchbrechen, meinen Kopf zu drehen, irgendetwas zu bewegen – doch es war zwecklos.

Ich „hing" noch immer schräg in der Luft, als die Bewegung sich in eine langsame Vorwärtsbewegung änderte, in Richtung des Couch-Endes. Jetzt wurde ich von einem eindringlichen Gefühl erfasst: Ich war nicht allein. Dieses Gefühl brachte mich der Panik gefährlich nahe.

Plötzlich hörte ich, wie irgendwo in meiner Wohnung eine Tür geöffnet wurde. Es war die Tür zum Schlafzimmer, wie ich später feststellte.

Das Gefühl, nicht allein zu sein. Eine Tür, die geöffnet wurde. Paralyse. Und ich schwebte über der Couch.

Jetzt war die Panik da – brutal und real.

Doch als ob das alles noch nicht genug gewesen wäre, passierte nun etwas, das einen normalen Menschen an den Rand des Wahnsinns treiben könnte.

Im Flur, dort, wo es auch zum Schlafzimmer geht, stand eine humanoide Gestalt. Sie war nicht menschlich. Keine Kleidung bedeckte ihren Körper. Ihre Proportionen passten nicht zu einem Menschen: Der Kopf war im Verhältnis zum Körper viel zu groß. Ich schätzte ihre Größe auf etwa 1,55 bis 1,65 Meter. Sie bewegte sich langsam, vorsichtig in meine Richtung. Wie ein Raubtier das sein Opfer taxiert.

Dieses Erlebnis hatte eine neue Qualität erreicht – es überschritt alles, was ich bisher erlebt hatte. Ich fühlte mich, als würde mein Verstand jeden Moment kapitulieren. Die surreale Natur dessen, was ich gerade durchmachte, und die Unfähigkeit meines Gehirns, das Erlebte adäquat zu verarbeiten, waren überwältigend. Noch bevor mein Körper eine Entscheidung treffen konnte, wie er mich schützen sollte, endete der „Spuk". Ich fiel sanft zurück auf die Couch, wo ich wie ein erstarrtes Stück Materie lag und versuchte, die Fassung wiederzuerlangen.

Sie ahnen sicher wie sehr mich das Erlebte wieder einmal beschäftigte. Ich stellte mir dieselben Fragen wie schon bei den vorherigen Erlebnissen.

Es waren dieselben inneren Konflikte die ich auszutragen hatte.

Nur diesmal gab es einen Unterschied.

Ich akzeptierte zum ersten Mal wahrhaftig diese neue Realität die sich in mein Weltbild mit breiten Ellenbogen gestemmt hatte. Ohne exakt zu wissen, mit wem oder mit was ich es zu tun hatte, musste ich dieser neuen Wirklichkeit Raum schaffen. Von einer geordneten „Ablage" innerhalb meines Weltbildes waren diese Erlebnisse zu diesem Zeitpunkt zwar noch weit entfernt, aber ein erster Schritt war getan.

Ich sah ein, dass es wenig Sinn machte zu versuchen dies alles zu verdrängen. Das konnte auf Dauer auch für die eigene Psyche nicht gesund sein. Wie ich das ganze handhaben und integrieren sollte - darauf hatte ich noch keine Antwort.

Die folgenden Tage waren erfüllt von einem Ohnmachtsgefühl gepaart mit einer starken Prise Verzweiflung und einigem mehr. Alles Dinge die einem die normale Bewältigung seines bisherigen Alltags nicht grade einfacher macht. Doch ich hielt daran fest. An meinem Alltag. Ich verstand diese Vorgehensweise als eine Art Anker der mich mehr oder weniger an Ort und Stelle halten würde, anstatt sich Führerlos davon treiben zu lassen.
Im Nachhinein betrachtet sicher keine falsche Entscheidung.

Ich dachte wieder darüber nach mich jemandem anzuvertrauen. Ich musste es einfach tun. Es gibt Momente im Leben, da fühlt sich alles einfach zu groß, zu schwer oder zu verworren an, um es alleine zu tragen. Genau in solchen Situationen ist es wichtig, mit jemandem sprechen zu können – mit jemandem, der zuhört, ohne gleich zu urteilen, und der einem Verständnis entgegenbringt.
Das Aussprechen von Gedanken und Gefühlen hat eine erstaunliche Wirkung. Dinge, die einem innerlich Chaos bereiten, werden greifbarer, sobald man sie in Worte fasst. Gedanken, die nur im Kopf existieren, neigen dazu, sich im Kreis zu drehen, immer größer zu werden und einen regelrecht zu erdrücken. Doch sobald wir sie aussprechen, geben wir ihnen Form und Struktur – und allein das kann oft schon helfen.
Reden schafft Raum. Raum, um Ängste oder Sorgen zu sortieren, sie klarer zu sehen und vielleicht auch eine neue Perspektive darauf zu gewinnen. Doch es ist nicht nur das. Zu wissen, dass man gehört wird, erinnert uns daran, dass wir nicht allein sind. Oft reicht

schon dieses Gefühl aus, um die Last, die man trägt, ein wenig leichter zu machen.

Wie schwer es ist, mit solch einem Thema auf eine bestimmte Person zuzugehen und sich ihr anzuvertrauen, hatte ich ja schon beschrieben. Und auch welche Folgen das haben kann. Trotzdem musste ich eine Entscheidung treffen, und die Wahl fiel auf meine Mutter.

Ich erinnerte mich daran, dass sie mir auch in meiner Kindheit stets sehr aufmerksam zugehört hatte. Außerdem besaß sie eine gewisse Offenheit, sodass ich – meiner Meinung nach – von ihr am wenigsten erwarten musste, seltsam beäugt zu werden. Und im schlimmsten aller Fälle, blieb es wenigstens in der Familie.

So rief ich sie an und bat sie, in den kommenden Tagen doch mal vorbeizuschauen.

Das Gespräch verlief überraschend positiv. Ich erzählte ihr von meinen Erlebnissen – völlig ungefiltert. Dabei fiel es mir sichtlich schwer, jedes Detail auszusprechen, denn es war das erste Mal, dass ich diese Last mit jemandem teilte. Doch genau das machte es so befreiend. Endlich sprach ich aus, was mich seit so langer Zeit innerlich belastete.

Während ich sprach, achtete ich sehr genau auf ihre Reaktionen: ihre Gestik, ihre Mimik, jeden Ausdruck in ihrem Gesicht. Zu keinem Zeitpunkt hatte ich den Eindruck, dass sie mir nicht glaubte – oder, schlimmer noch, mich für verrückt halten könnte.

Natürlich hatte ich insgeheim gehofft, dass sie mir glauben würde, aber ich war mir auch bewusst, dass es keine Selbstverständlichkeit war.

Zwischen völliger Akzeptanz und skeptischer Zurückweisung schien mir jede Reaktion denkbar.

Was mir jedoch auffiel – und was mich mehr beruhigte, als ich erwartet hatte – war, wie aufmerksam und ernsthaft sie mir zuhörte. Sie ließ mich ausreden, unterbrach nicht und schien interessiert und aufmerksam zuzuhören.

Ihr Verständnis ging weit über meine Erwartungen hinaus. Ich erinnere mich noch gut an eine ihrer Aussagen: „Ich kenne dich. Und ich weiß, dass du dir so etwas nicht einfach ausdenkst." Das war ein Satz, der mir nicht nur Bestätigung gab, sondern auch erleichternd wirkte. Es war, als hätte sie mir mit diesen wenigen Worten einen eigenen Raum geschaffen, in dem ich ungefiltert sprechen konnte.

Natürlich wollte ich mehr als nur Verständnis. Ich hoffte auch auf eine kritische Betrachtung dessen, was ich erzählte. Und genau das tat sie.

Wir sprachen noch lange über all das, überlegten gemeinsam, stellten Theorien auf und philosophierten über die möglichen Erklärungen. Doch so sehr wir auch versuchten, Antworten zu finden – wir kamen zu keinem Ergebnis.

Die Natur dessen, was mich heimsuchte, blieb ein Rätsel. Aber dieses Gespräch hatte etwas verändert. Es war, als hätte ich einen Teil der Last, die mich so lange begleitet hatte, abgeben können. Es tat gut, zu wissen, dass ich nicht allein war – und dass jemand, der mir nahe stand, mir glaubte.

Fortan tauschten wir uns immer wieder darüber aus. Auch heute noch, fast 20 Jahre später, sprechen wir über diese Erlebnisse. Doch was wir damals nicht ahnen konnten, war, dass auch sie eines Tages aktiv in diese mysteriösen Ereignisse verwickelt werden würde.

In weiterer Verlauf dieses Buches werde ich noch genau darauf eingehen.

Unabhängig davon, steigerte sich nach dem jüngsten Ereignis meine Angst vor der Dunkelheit exorbitant.
Es war zum Haare raufen.

4. Gemeinsame Muster und Parallelen

In vielen Berichten über Begegnungen mit dem Außergewöhnlichen, sei es durch die sogenannten Greys oder andere unerklärliche Phänomene, gibt es eine auffällige Gemeinsamkeit: Menschen aus unterschiedlichen Regionen der Welt und mit völlig verschiedenen Lebensrealitäten schildern oft außergewöhnlich ähnliche Erlebnisse.
Diese Gemeinsamkeiten werfen Fragen auf und sollten nicht einfach als zufällig abgetan werden.

Ist es nicht erstaunlich, dass Menschen, die sich nie begegnet sind und keinerlei Verbindung zueinander haben, von ähnlichen Begegnungen berichten? Die Beschreibungen reichen, unter anderem, von grauhäutigen, humanoiden Wesen mit unverhältnismäßig großen Köpfen bis hin zu schwebenden Zuständen und unerklärlichen Lichtphänomenen.
Solche Berichte weisen verblüffende Gemeinsamkeiten auf, die kaum allein durch kulturelle Überlieferungen erklärt werden können.
Statistische Erhebungen zeigen, dass weltweit etwa 10 bis 15 Prozent der Menschen angeben, mindestens einmal in ihrem Leben eine unerklärliche Erfahrung gemacht zu haben. Besonders interessant ist dabei, dass unabhängig von Kulturkreis oder Bildung viele dieser Berichte ähnlich konsistent sind.

Ein weiteres bemerkenswertes Muster zeigt sich in den Schilderungen von Paralysen und dem gleichzeitigen Erleben humanoider Gestalten. Eine Studie ergab, dass etwa 30 Prozent der Befragten, die solche Paralysezustände erlebt hatten, von dem Eindruck berichteten, dass sich eine fremdartige Präsenz im Raum befunden habe. Diese Wahrnehmung ist weltweit dokumentiert und tritt unabhängig von geografischen oder sonstigen Unterschieden auf.

Darüber hinaus decken sich viele Details zu Bewegungs- und Lichtmustern, die Betroffene bei Begegnungen mit dem Außergewöhnlichen schildern.

Diese konsistenten Muster lassen sich schwerlich allein durch zufällige Assoziationen erklären. Es scheint vielmehr, dass diese Erfahrungen eine universelle Komponente haben, die sich unabhängig von diversen Einflüssen manifestiert.

Die menschliche Wahrnehmung ist ein erstaunliches Instrument, das sich nicht nur auf bekannte Kategorien beschränkt. Wenn wir mit dem Unbekannten konfrontiert werden, erlebt unser Geist die Dinge oft klar und unverfälscht – ohne dass sofort ein Erklärungsmodell bereitsteht.

Ist es, ob all dieser Umstände, nicht wahrscheinlich sinnvoll genauer hinzusehen?

In den letzten 30 Jahren hat die Anzahl der gemeldeten Sichtungen von unbekannten Flugobjekten (heute oft als UAPs – Unidentified Aerial Phenomena – bezeichnet) weltweit zugenommen. Besonders markante Anstiege wurden in den Jahren nach 2000 verzeichnet. Während in den 1990er Jahren bereits zahlreiche Fälle gemeldet wurden, stieg diese Zahl zwischen 2010 und 2020 signifikant an. Interessanterweise sind diese Meldungen nicht auf bestimmte Regionen beschränkt. Nordamerika, Europa, Asien usw. verzeichnen ähnliche Trends.

Technologische Fortschritte, wie die Verbreitung von Smartphones mit Kamerafunktion, haben zweifellos zur besseren Dokumentation solcher Ereignisse beigetragen.

Die Dunkelziffer dürfte, wie so oft, noch höher sein.

Auch die offiziellen Berichte aus den USA, bei denen das Pentagon seit 2017 vermehrt Daten zu UFO/UAP-Sichtungen veröffentlicht

hat, sind bemerkenswert. Auch in Europa registrierten zivile Luft-
fahrtbehörden in den letzten Jahren eine Zunahme solcher Beobachtungen, die nicht durch bekannte Technologien erklärt werden konnten. Andere Länder zogen nach und veröffentlichten
ebenfalls verstärkt Daten und Berichte.

Wenn man die Top Ten der Parallelen und Muster aus weltweiten
Berichten über UFO/UAP-Sichtungen zusammenfasst, ergibt sich
vermutlich folgendes Bild:

Lichtphänomene:
Häufig wird von intensiven, farbwechselnden Lichtern berichtet,
die ungewöhnliche Bewegungen am Himmel ausführen.

Plötzliche Richtungswechsel:
Unidentifizierte Flugobjekte zeigen oft Manöver, die mit konventio-
neller Luftfahrttechnologie nicht vereinbar scheinen, darunter ab-
rupte Richtungswechsel oder ein sofortiger Stillstand in der Luft.

Geräuschlosigkeit:
Viele Sichtungen beschreiben Fluggeräte, die sich vollkommen
lautlos bewegen, selbst wenn sie sich in unmittelbarer Nähe befinden.

UFO/UAP-Formen:
Neben den klassischen "Scheiben" berichten Zeugen auch von zy-
lindrischen, dreieckigen oder kugelförmigen Objekten.

Schwebende Bewegungen:
Oftmals verharren die Objekte längere Zeit bewegungslos in der
Luft, bevor sie mit plötzlicher Geschwindigkeit verschwinden.
Störungen elektronischer Geräte:

Berichte über plötzliche Fehlfunktionen von Radios, Fahrzeugmotoren oder Mobiltelefonen sind häufig mit Sichtungen verbunden.

Beobachtung in abgelegenen und urbanen Gebieten:
Während früher UFO/UAP-Berichte eher aus ländlichen Regionen stammten, sind auch Sichtungen in Großstädten absolut keine Seltenheit mehr.

Interaktion mit Wasser:
Einige Sichtungen beschreiben Objekte, die aus dem Wasser auftauchen oder darin verschwinden, insbesondere über Seen und Küstengewässern.

Begleitende körperliche Empfindungen:
Zeugen berichten gelegentlich von Hitzeempfindungen, Druckgefühl oder einem plötzlichen Kribbeln während der Sichtung.

Massenbeobachtungen:
Immer wieder werden Sichtungen von Gruppen unabhängiger Zeugen gleichzeitig gemeldet, was auf die Glaubwürdigkeit solcher Berichte hinweist.

Natürlich ist es wichtig zu erwähnen, dass eine Vielzahl gemeldeter Sichtungen durch Analyse und Nachforschung erklärbar wurden. Viele Fälle lassen sich auf natürliche Phänomene, technische Ursachen oder sogar Fehleinschätzungen zurückführen. Doch ebenso bemerkenswert ist die Tatsache, dass es nach wie vor zahlreiche Berichte gibt, die sich jeglichen Erklärungsversuchen entziehen – Berichte von geschulten Beobachtern, darunter Piloten und Wissenschaftler, deren Aussagen mit Messdaten oder Videoaufnahmen untermauert wurden.

Inzwischen räumen auch offizielle Stellen dies ein. Die Zeiten, in denen dieses Thema reflexartig ins Reich der Fantasie verbannt wurde, scheinen sich langsam zu wandeln. Regierungen und militärische Institutionen veröffentlichen zunehmend ehemals geheime Dokumente, und Experten fordern eine ernsthafte Auseinandersetzung mit dem Phänomen.

Die Stigmatisierung dieses Themengebiets ist zwar noch immer präsent, doch sie nimmt stetig ab. Eine intensivere Erforschung könnte – dessen bin ich mir sicher – wertvolle Erkenntnisse liefern und uns möglicherweise einer Antwort näherbringen, die nicht nur unser Verständnis dieses Phänomens, sondern vielleicht auch unser gesamtes Weltbild herausfordert.

5. Wendepunkt ins Unbekannte

Wie ich schon am Ende des dritten Kapitels erwähnte, nahm nach dem jüngsten Ereignis die Dunkelangst dramatisch zu. Und ich konnte nichts dagegen tun. Ich fühlte mich wie ein Tier im Käfig – die Freiheit vor Augen, doch unfähig, die Gitterstäbe zu durchdringen.

Inzwischen hatte ich mein Bett wieder ins Schlafzimmer verlagert. Es machte einfach keinen Unterschied mehr, wo ich schlief. Mein Problem mit der Dunkelheit blieb das gleiche.

Wenn ich abends zu Bett ging, ließ ich die Nachttischlampe brennen. Das war ein Muss. Die Schlafzimmertür schloss ich ab, um mir ein stärkeres Gefühl von Sicherheit zu geben. Wobei mir eigentlich vollkommen klar war, dass diese Maßnahme höchstwahrscheinlich sinnlos war.

So lag ich viele Abende wach und hoffte auf ein schnelles Einschlafen. Schließlich war ich berufstätig, hatte einen Fulltime-Job und wollte ausgeschlafen im Büro erscheinen.

Hätte mir jemand erzählt, wie stark sich eine Angst vor der Dunkelheit manifestieren kann, hätte ich das kaum für möglich gehalten – schon gar nicht bei einem erwachsenen Mann. Aber man lernt ja nie aus.

Unfähig einzuschlafen, las ich Bücher, wälzte Zeitschriften, stand wieder auf und sah fern. Dann zurück ins Bett, wieder aufgestanden. Gelesen, bis meine Augen schwer wurden. Faktisch schlief ich in dieser Zeit erst zwischen drei und vier Uhr morgens ein. Letztlich aus purer Erschöpfung.

Trotzdem klingelte der Wecker um sieben, und ich stand auf – müde, aber pflichtbewusst. Ich fuhr ins Büro und erledigte meine Arbeit.

Was mir in dieser Zeit zugutekam, war der Umstand, dass ich in meinem Beruf sehr erfahren war. Komplexe Aufgaben konnte ich routiniert durchführen. Ohne diese Routine wäre das kaum zu bewältigen gewesen.

Natürlich fiel Kollegen und auch meinen Vorgesetzten auf, dass etwas mit mir nicht stimmte. Ich log nicht, schob es auf Schlafprobleme, ohne ins Detail zu gehen. Zum Glück zeigte man Verständnis und maß dem kaum weitere Bedeutung bei.

Dennoch wusste ich: So konnte es nicht weitergehen. Solch extremer Schlafmangel würde früher oder später gesundheitliche Folgen haben. Wie wär's mit Chips zum Frühstück und Pizza als Nachtisch? Mein Schlafmangel-Gehirn fand das irgendwann absolut vernünftig. Die Augenringe wanderten langsam in Richtung Knie, und mein blasses Spiegelbild sah aus, als hätte es mit einem Eimer Mehl gekämpft. Ich konnte mir förmlich vorstellen, wie ich irgendwann weiße Mäuse sehen würde.

Das letzte Erlebnis verfolgte mich weiterhin und hatte offensichtlich Konsequenzen für mich.

Ich musste weg. Raus hier. Noch im August 2005 entschied ich mich spontan, Urlaub zu machen, und klärte alles Nötige mit meiner Firma ab. Zwei Wochen sollten es sein. Kurzfristig buchte ich Flug und Hotel, um in Bulgarien bei Sonne und Strand neue Kraft zu tanken.

Dort angekommen checkte ich im Hotel ein und verstaute meine Sachen im angenehm eingerichteten Zimmer. Der Blick vom Balkon verriet mir: gute Lage, ich konnte den Strand sehen. Alles wirkte freundlich und entspannt.

Nach einer ersten Erkundung der näheren Umgebung, einer Pizza und einem Cocktail an einer der Strandbars kehrte ich ins Hotel zurück. Den Abend ließ ich auf dem Balkon ausklingen – ein Buch in der Hand, den Blick ab und an in die Ferne gerichtet.

Später, bettfertig gemacht, ließ ich die Balkontür offen. Der Trubel von den Strandbars beruhigte mich seltsam, und durch die Beleuchtung war es im Zimmer angenehm hell. Das kam mir natürlich entgegen.

Schließlich schlief ich ein.

Einige Tage vergingen ohne besondere Vorkommnisse. Entspannt fühlte ich mich noch nicht. Die Spuren der Erlebnisse saßen tief. Aber ich glaubte fest daran, dass diese Auszeit guttun würde. Sie musste einfach. Erzwingen kann man Entspannung nur leider nicht.

Mit jedem Tag wuchs jedoch meine Frustration. Zu Beginn war ich noch hoffnungsvoll gewesen, doch langsam dämmerte mir: So einfach würde es nicht gelingen.

Das bevorstehende Ende dieses gescheiterten Urlaubs vor Augen, legte ich mich an einem sonnigen Nachmittag gegen 15:00 Uhr im Hotelzimmer hin. Die Balkontür stand weit offen, eine sanfte Brise wehte herein. Der Vorhang bewegte sich ab und an ganz leicht. Die Luft roch frisch, und ich schlief schnell ein.

Etwa eine Stunde später geschah das Unvorstellbare.

Ich erwachte plötzlich. Noch immer auf der Seite liegend, Richtung Balkon. Verwundert ließ ich langsam meine Augen wandern. Alles schien wie gewohnt – bis auf eine entscheidende Ausnahme: Ich konnte nur meinen Kopf bewegen. Mein restlicher Körper gehorchte mir nicht.

Was war hier los?

Plötzlich traf mich eine Erkenntnis wie ein Hammerschlag: Ich war nicht allein.

Jemand lag eng an mich geschmiegt direkt hinter mir und ließ eine Hand sanft und langsam an meinem ausgestreckten rechten Arm entlanggleiten. Ich sah die Finger, die vorsichtig Platz zwischen meinen suchten. Sie wirkten beinahe, als würden sie Licht ausstrahlen – der ganze Arm schien regelrecht von innen heraus zu leuchten.

Erstaunlicherweise verspürte ich keine Angst, keine Panik.

Im Gegenteil: Ein seltsames Gefühl von Ruhe und Glück durchströmte mich.

Eigentlich hätte ich aufspringen müssen – wenn ich gekonnt hätte –, um nachzusehen, wer sich ins Zimmer geschlichen hatte.

Ich war völlig ruhig. Langsam drehte ich den Kopf nach hinten, um zu sehen, wer dort lag. Ich erkannte Kopf, Stirn, sah blonde, fast weiß-goldene kurze Haare. Eine Frau.

Weiter konnte ich mich nicht umdrehen.

Ich wandte meinen Blick zurück auf die Hand, die weiterhin sacht mit meinen Fingern spielte. Dabei fiel mein Blick auf die offene Balkontür.

Im Glas der Tür spiegelten sich zwei Personen auf dem benachbarten Balkon, die dann offensichtlich Augenblicke später in ihrem Zimmer verschwanden.

Noch immer wehte die Brise sanft ins Zimmer, der Vorhang bewegte sich leicht.

Plötzlich schob sich eine Gestalt durch die geöffnete Balkontür. Sie hielt sich mit einer Hand am Türrahmen fest und stand mit einem Bein im Zimmer.

Ich schloss die Augen, öffnete sie wieder – doch es änderte sich nichts.

Da stand ein Grey in meinem Hotelzimmer und sah mich an.

Übergroßer Kopf, riesige schwarze Augen, dünne Extremitäten, grau.

Und doch verspürte ich keinerlei Furcht, Panik oder Schock.

Das Wesen hob den rechten Arm und machte eine Bewegung, die wie ein Winken aussah. In diesem Moment wirkte es fast freundlich auf mich.

Dann verließ die Gestalt das Zimmer mit einem gekonnten Schwung und verschwand aus meinem Sichtfeld.
Das Erlebnis endete, als auch die Frau hinter mir sich buchstäblich in Luft auflöste.

Es war erstaunlich, wie sehr mich dieses Erlebnis veränderte – und wie es mir in der damaligen Situation half. Doch warum eigentlich? Bedingt durch meine vorherigen Erfahrungen muss man sich, glaube ich, folgendes vor Augen führen: Die Natur solcher Ereignisse löst eine Reihe unterschiedlicher Reaktionen aus. Ich verorte die Wurzeln dieser Reaktionen sowohl im Unterbewusstsein als auch in unseren ureigenen Instinkten.
Das, was letztlich in mein Bewusstsein vordrang und sich auswirkte, war nur das Ergebnis eines inneren Konflikts. Als diese Begegnungen Teil meines Lebens wurden, brachen einige tragende Säulen meines bisherigen Weltbildes ohne Wenn und Aber in sich zusammen. Das hat natürlich Konsequenzen für die eigene Psyche. Es fühlte sich an, als würde mein Gehirn unentwegt versuchen, die Ereignisse in das bestehende Weltbild zu integrieren – und dabei immer wieder scheitern. Wie in einer Dauerschleife.
Hinzu kam die schmerzhafte Erkenntnis, dass die Sicherheit der eigenen vier Wände nichts als eine Illusion war. Wenn sich Besucher Zutritt verschaffen können, ohne Türen oder Fenster zu öffnen, und wenn diese Besucher auch noch nicht-menschlicher Natur zu sein scheinen, dann erscheint das wie ein regelrechter Schock.
Gegen diesen inneren Schock kämpfte ich zwar an, aber ich hatte keine Chance, ihn zu überwinden.

Als Nebenprodukt betrachtete ich die ausgeprägte Dunkelangst, die mich übermannt hatte und gegen die ich ebenfalls machtlos war.

Aus heutiger Sicht wundert es mich kein bisschen, dass ich damals das Gefühl hatte, meine „Festplatte" im Kopf würde sich jeden Augenblick neu formatieren – wie bei einem Computer, der einfach auf Werkseinstellungen zurückgesetzt wird.
Vor dem Urlaub, befand ich mich ohne Zweifel in einem solchen unsäglichen Zustand.
Diese unglaublichen Geschehnisse im Urlaub veränderten alles grundlegend.
So fremdartig das Erlebnis auch war, und obwohl es erneut gegen meinen ausdrücklichen Willen geschah, wirkte es überraschend wenig bedrohlich auf mich.
Im Gegenteil: Es vermittelte mir spontan ein völlig neues Bild meiner Besucher.

Wo ich mich zuvor noch in Lebensgefahr wähnte, reduzierte sich das Maß an Angst vor den Fremden dramatisch. Der Grey, der mir im Hotelzimmer freundlich zuwinkte, und die unbekannte, menschlich wirkende Frau, die mir förmlich einen Tsunami positiver Empfindungen bescherte – all das veränderte meine Wahrnehmung nachhaltig.
Mein Unterbewusstsein schien die bisher bedrohliche Lage in einer neuen Schublade untergebracht zu haben. Auf dieser stand nun: *weniger bedrohlich*.

Als mich mein Vater vom Flughafen in Frankfurt abholte, fragte er natürlich, wie der Urlaub gewesen sei. Es brannte mir förmlich auf der Zunge, doch über das vermeintliche *Highlight* verlor ich kein Wort.
Ich wusste, dass dies nicht der richtige Zeitpunkt war. Dennoch verspürte ich den starken Wunsch, auch ihn in meine neue Realität mit einzubeziehen. Gleichzeitig war mir bewusst, dass er solchen Dingen skeptisch gegenüberstand. Tiefgründige und ernsthafte

Gespräche mit ihm darüber führen zu können erschien mir ebenso unrealistisch. Also verwarf ich den Gedanken fürs Erste und hob mir das Gespräch für eine günstigere Gelegenheit auf.

Wieder zu Hause angekommen, richtete ich mich innerlich auf den Alltag ein. Zu meiner großen Freude hatte sich meine Dunkelangst spürbar reduziert. Zwar ließ ich die Nachttischlampe noch immer brennen, aber ich konnte schon nach kurzer Zeit leichter einschlafen.

In den folgenden Wochen spürte ich angenehm die positiven Auswirkungen des erhöhten Schlafpensums. Ich war fitter und aktiver, und es ging mir insgesamt besser.

Doch ab Mitte September 2005 kehrten die altbekannten, unerklärlichen Klopfgeräusche zurück – und das täglich.

Zwar hatte sich mein Empfinden gegenüber diesen Phänomenen verändert, doch das bedeutete nicht, dass mich diese „Klopfattacken" nicht mehr nervös machten.

Schließlich beschäftigten mich noch immer fundamentale Fragen: *Was soll das? Wer sind sie? Was wollen sie? Wo führt das alles hin?*

Antworten hatte ich natürlich keine. Woher auch?

Erlebnisse wie die meinen besitzen eine gewaltige Macht. Sie reißen dich aus dem gewohnten Alltag und stellen alles infrage, was du bis dahin für selbstverständlich gehalten hast. Das kann dazu führen, dass man sich in einer gefährlichen Gedankenspirale wiederfindet – als Opfer der Umstände.

Es mag sich erst einmal tröstlich anfühlen, sich in dieser Opferrolle einzurichten. Schließlich gibt sie einem eine Erklärung für das eigene Leid: „Das passiert mir? ich habe keine Kontrolle darüber!" Doch genau darin liegt die Gefahr. Denn je länger man sich in dieser Haltung verankert, desto stärker frisst sie einen innerlich auf.

Die Opferrolle hat etwas Bequemes. Sie nimmt einem vermeintlich die Verantwortung ab, selbst aktiv zu werden. Man wartet darauf, dass sich die Umstände ändern oder dass jemand von außen kommt und alles wieder in Ordnung bringt. Doch das passiert nicht. Diese Erkenntnis ist hart, aber notwendig.

Wenn ich eines gelernt habe, dann dies: Die Verantwortung, aus dieser Spirale auszubrechen, liegt bei einem selbst.

Das bedeutet nicht, die erlebten Dinge kleinzureden oder sich selbst zu belügen. Was passiert ist, bleibt Teil deiner Geschichte. Aber du entscheidest, wie du mit diesen Erfahrungen umgehst. Du kannst ihnen das Steuer überlassen oder selbst das Ruder in die Hand nehmen.

Für mich war der erste Schritt, meine Erlebnisse anzunehmen – ohne ständig nach einer Erklärung zu suchen, die es möglicherweise gar nicht gibt. Der zweite Schritt war, die Kontrolle über mein Leben zurückzuholen. Das heißt, sich wieder aktiv auf den Alltag einzulassen, Routinen zu schaffen und die eigene Stärke neu zu entdecken.

Es geht darum, der Opferrolle aktiv entgegenzutreten. Das bedeutet, sich nicht mehr nur auf die Fragen „Warum ich?" oder „Was soll das?" zu fokussieren, sondern vielmehr darauf, was man selbst tun kann, um sich wieder besser zu fühlen.

Das kann bedeuten, mit anderen Menschen darüber zu sprechen, sich körperlich zu betätigen oder einfach bewusst Dinge zu tun, die Freude bereiten und den Kopf freimachen.

Wichtig ist vor allem, sich nicht zu isolieren. Denn Isolation ist der perfekte Nährboden für das Gefühl, ein Opfer zu sein. Sobald du aus dieser Isolation heraustrittst und beginnst, deine Geschichte aktiv zu erzählen oder dich mit anderen Themen zu beschäftigen, verliert die Opferrolle ihre Macht über dich.

Das alles ist kein schneller Prozess und auch kein leichter Kampf. Aber es ist ein Kampf, der sich lohnt. Denn am Ende wartet etwas Wertvolles: die Freiheit, deinen Alltag wieder selbst zu bestimmen und der Opferrolle zu entfliehen.

Auch im Oktober 2005 zogen sich die Klopftiraden nahezu pausenlos weiter hin. Die Geräusche schienen, wenn ich mich im Wohnzimmer aufhielt, mal direkt aus der Wand vor mir zu kommen und manchmal von der seitlichen Wand zum angrenzenden Flur. Und es war stets ein Klopfen. Da die Wände des Hauses aus massivem Stein bestanden, konnte man Ratten und dergleichen mit großer Sicherheit ausschließen. Ebenso waren die Heizungsrohre wohl auch nicht die Ursache. Das Haus war noch relativ neu, und ich habe nie von einer der anderen fünf im Haus lebenden Parteien Beschwerden über Klopfgeräusche gehört.
Mein Nachbar unter mir wäre in der Hinsicht wenig geduldig gewesen und hätte sich garantiert dazu längst mit uns anderen Bewohnern ausgetauscht. So wusste ich auch, dass sich das Gepolter wohl spezifisch auf meine Wohnung beschränkte. Im Gegensatz zum einstigen Dachboden-Phänomen, worunter ja auch meine damalige Nachbarin nebenan leiden musste. In meinem weiteren Dasein sollte ich diese Geräusche noch oft hören. Und später würde es mir sogar gelingen, Reaktionen darauf regelrecht zu „provozieren". Das Beste daran: Ich war nicht immer allein, wenn es geschah. Es gab Zeugen. Aber dazu mehr in den kommenden Kapiteln.

Anfang November, es war der 03. November 2005, kam es wohl bei einem weiteren rätselhaften Erlebnis zu einer Art ersten kommunikativen Interaktion zwischen mir und den Fremden.

Bereits in den frühen Abendstunden beschlich mich ein ungutes Gefühl – als würde mir ständig jemand über die Schulter schauen, und wenn man sich umdrehte, ist dort niemand.

So saß ich noch eine Weile an meinem PC, bevor ich es mir auf der Couch vor dem Fernseher gemütlich machen wollte. Noch bevor ich die Couch erreichte, hörte ich erneut diese absurden Geräusche vom Dachboden. Absurde Geräusche deshalb, weil es sich anhörte, als würde ein schwerer Mensch dort oben langsam über knarzende Bretter gehen.

Die Sache war nur: Dort war niemand.

Ich blieb kurz stehen, lauschte und setzte mich schließlich hin. Direkt über mir ertönte ein weiteres Mal dieses Geräusch, gefolgt von einem dumpfen Klopfen. Das Gefühl, nicht allein zu sein, verstärkte sich – als würde ich beobachtet.

Merkwürdig.

Ich begann, verbal auf die Klänge zu reagieren: „Ich verstehe nicht, was das soll. Soll ich etwa auf den Dachboden kommen? Das mache ich nicht!"

Spontan brach es aus mir heraus, und ich sagte laut: „Okay, ihr braucht doch einfach nur an Tür oder Fenster zu klopfen, und ich lasse euch rein."

Dabei verzog ich das Gesicht, als würde ich gerade ein Fragezeichen hochwürgen.

Just in diesem Moment, als ich das ausgesprochen hatte, gab es einen lauten Schlag in der Wohnung.

Ich zuckte zusammen, hob beschwichtigend beide Hände und wartete ab. Kira, meine Katze, die es sich zuvor am Fußende gemütlich gemacht hatte, fuhr ebenfalls zusammen.

Danach war vorerst Ruhe. Ich sah weiter fern und versuchte einfach nur, einen restlichen ruhigen Abend zu verbringen.

Kurz vor 21:00 Uhr überkam mich plötzlich eine intensive Müdigkeit. Ich wollte eigentlich noch gar nicht schlafen und nötigte mich selbst, diesem Verlangen nicht nachzugeben. Ich dachte noch: *Wenn du jetzt einschläfst, wachst du in ein paar Stunden wieder auf und bist dann hellwach.*

In den nächsten zwanzig Minuten nickte ich immer wieder minutenweise ein und erwachte im Wechsel.

So schnell wie die Müdigkeit gekommen war, so schnell verschwand sie auch wieder. Ich schaltete den Fernseher um und legte die Fernbedienung beiseite.

Ein paar Minuten vergingen, als es neben mir am Fenster zweimal klopfte.

Bitte was?!

Ich bekam augenblicklich Gänsehaut und drehte langsam meinen Kopf nach rechts zum Fenster. Kira stand bereits auf der Lehne in Habachtstellung und starrte ebenfalls zum Fenster. Wie konnte das sein?

Das Außenrollo war geschlossen!

Noch dazu bewohnte ich eine Dachgeschosswohnung. Wie konnte es also sein, dass es am Fenster klopfte?

Langsam dämmerte mir, dass es möglicherweise mit dem zusammenhing, was ich zuvor gesagt hatte: dass sie nur an Tür oder Fenster zu klopfen brauchen und ich sie einlassen würde.

Als ich mich daran erinnerte und den möglichen Zusammenhang sah, wollte ich meinen Worten auch Taten folgen lassen. Schließlich hatte ich es gesagt.

Langsam stand ich auf und ging Richtung Balkontür. Mit jedem Schritt pulsierte meine Gänsehaut.

Ich griff zum Band, zog das Rollo hoch, öffnete die Tür und trat auf den Balkon. Es war dunkel.

Ich sah mich um – rechts und links, auch nach oben.

Ich konnte nichts und niemanden sehen.

Aber ich hatte Wort gehalten.

Zurück im Zimmer schloss ich die Balkontür hinter mir. Kira sah mich fragend an. Ich zuckte mit den Schultern.

Ich fragte mich, ob hier zum ersten Mal eine Art Kommunikation zwischen mir und den Fremden stattgefunden hatte.

Wie ich noch feststellen sollte, war dies der Beginn einer weiteren Steigerung der Qualität meiner Erlebnisse. Oft habe ich mich im Nachhinein gefragt, ob meine Zukunft mit dieser fremden Präsenz anders verlaufen wäre, hätte ich die Tür nicht geöffnet.

Heute verstehe ich es als eine Art symbolischen Akt, den ich damals beging – als ein Schlüsselerlebnis.

Katzen gelten seit jeher als geheimnisvolle Geschöpfe. Schon in der Antike wurden sie als Begleiter mystischer Rituale verehrt, und ihr angeblich „sechster Sinn" faszinierte Menschen durch alle Epochen hinweg.

Wissenschaftlich betrachtet mag das übertrieben erscheinen, doch eines ist unbestritten: Katzen verfügen über hochsensible Sinne, die weit über unsere eigenen Wahrnehmungsmöglichkeiten hinausgehen.

Das Gehör einer Katze beispielsweise ist so fein abgestimmt, dass sie selbst Geräusche im Ultraschallbereich wahrnehmen kann, die für uns Menschen vollkommen stumm bleiben. Zudem reagieren ihre Vibrissen – besser bekannt als Schnurrhaare – auf feinste Luftströmungen und Vibrationen im Raum. Ihre Augen wiederum sind für schlechte Lichtverhältnisse optimiert, wodurch sie Bewegungen im Dunkeln erkennen können, die uns verborgen bleiben.

Kira war in dieser Hinsicht ein leuchtendes Beispiel. Während ich bei den unheimlichen Ereignissen oft zwischen rationalen Erklärungen und blanker Verwirrung schwankte, war Kira in ihrer Reaktion glasklar: Sie wusste sofort, dass da etwas nicht stimmte.

Ihre aufgestellten Haare, das angespannte Starren in Ecken des Raumes oder das plötzliche Heben des Kopfes bei Geräuschen, die ich nicht hören konnte, waren unmissverständliche Zeichen.
Besonders auffällig war, dass Kira immer dann reagierte, wenn ich selbst gerade etwas Ungewöhnliches wahrnahm. Auch für mich ein Indikator das ich nicht unter Einbildungen litt. Das mag banal klingen ist aber durchaus sehr wichtig.
Studien legen nahe, dass Katzen und Hunde auf geomagnetische Felder reagieren können. In der Natur hilft ihnen das bei der Orientierung, doch es könnte auch erklären, warum sie manchmal in geschlossenen Räumen scheinbar ins Leere starren – möglicherweise spüren sie subtile elektromagnetische Schwankungen, die wir nicht wahrnehmen.

Ich erinnere mich an eine Nacht, in der Kira plötzlich wie elektrisiert war. Sie stand stocksteif in der Mitte des Raumes, die Augen fixierten einen unsichtbaren Punkt. Ich spürte, wie sich die Atmosphäre im Raum veränderte, und obwohl ich nichts sah, wusste ich: *Da ist etwas.*
Ihre instinktiven Reaktionen schienen oft der Wahrheit näher zu kommen als meine Versuche, die Ereignisse intellektuell zu entschlüsseln.
Während ich überlegte – reagierte sie einfach auf das Offensichtliche.
Tiere leben ohne die ständigen Filter und Zweifel unseres menschlichen Verstandes. Manchmal wäre es vielleicht nicht schlecht, wenn wir uns diese Fähigkeit teilweise aneignen könnten.

Ein weiterer Grund, warum Katzen wie Kira scheinbar „mehr sehen" als wir Menschen, liegt in ihrem speziellen Sehspektrum. Während unsere Augen darauf ausgelegt sind, tagsüber Farben und feine

Details zu erkennen, sind Katzen für die Dämmerung und das Sehen bei schlechten Lichtverhältnissen optimiert.

Wissenschaftlich betrachtet haben Katzen eine größere Anzahl sogenannter Stäbchenzellen in der Netzhaut, die besonders lichtempfindlich sind. Diese ermöglichen es ihnen, selbst bei geringstem Licht Bewegungen wahrzunehmen, während wir Menschen längst im Dunkeln tappen. Ihre Pupillen können sich außerdem extrem weit öffnen, wodurch noch mehr Licht ins Auge gelangt.

Wo unser Auge nachts versagt, fängt das Katzenauge erst richtig an zu glänzen – wortwörtlich. Verantwortlich dafür ist das sogenannte Tapetum lucidum, eine reflektierende Schicht hinter der Netzhaut, die Lichtstrahlen ein zweites Mal auf die Sinneszellen lenkt. Dieser „Leuchtstreifen" im Auge verstärkt die Lichtempfindlichkeit enorm und sorgt für das typische Glühen in ihren Augen bei Dunkelheit.

Wenn Kira also in die Dunkelheit starrte, während ich nichts erkannte, dann sah sie womöglich Dinge, die mein Auge nicht erfassen konnte.

Das Wissen um diese Unterschiede hat mir im Nachhinein geholfen, ihre Reaktionen besser zu verstehen – und zu begreifen, dass Katzen uns in vielen Situationen schlicht einen Schritt voraus sind.

6. Von Angesicht zu Angesicht

Bereits am 06. November 2005, es war ein Sonntag, ging meine „Reise" mit den Fremden weiter. Mein Eindruck, das vorherige Erlebnis könne quasi ein Schüsselerlebnis darstellen, hat mich nicht getäuscht. Es schien, als hätte ich durch den Akt des „Türöffnens" eine Art Zustimmung erteilt.

An diesem besagten Morgen, gegen halb sechs Uhr, lag ich noch im Schlaf und hatte einen lebhaften Traum, an den ich mich noch gut erinnern kann. Im Traum lief ich vor irgendetwas weg und versuchte mich zu verstecken. Aus meinem Versteck heraus konnte ich einen Jungen beobachten, der zu schweben schien.

Etwas veränderte sich in meiner Wahrnehmung. Ich spürte, wie mein Körper schwer wurde, wie festgehalten. Eine lähmende Paralyse setzte ein und zog mich endgültig ins Bewusstsein zurück. Meine Augen öffneten sich weit, aber ich konnte mich nicht bewegen. Was ich anschließend sah, war eine weitere neue Stufe meiner bisherigen Abenteuer.

Ich lag auf dem Rücken und sah, wie sich zwei Grey in unmittelbarer Nähe förmlich materialisierten. Sie erschienen einfach. Aus dem Nichts. Da meine Nachttischlampe, wie so üblich, noch immer brannte, hatte ich dementsprechend gute Sicht auf das, was um mich herum geschah.

Einer der Grey legte behutsam seine Hand auf meinen Kopf, die andere platzierte er auf meiner Brust. Ich spürte den leichten Druck seiner Hände, der wohldosiert und gleichmäßig verteilt war. Warum er das tat, darüber kann ich nur spekulieren. Doch in diesem Moment konnte und wollte ich nicht über das –Warum- nachdenken.

Der zweite Grey stand direkt neben dem Bett. Er beugte sich zu mir herunter. Sein Gesicht war jetzt keinen halben Meter mehr von meinem Gesicht entfernt. Ich starrte ihn an, wie ich wohl noch nie im Leben etwas angestarrt hatte. Es schien, als würde er meinen Hals inspizieren. Er bewegte seine Hand. Ich bemerkte auch, wie die Hände des anderen Grey kurz in Bewegung gerieten. Anscheinend waren sie mit einer ganz bestimmten Absicht gekommen und taten, was auch immer sie tun mussten.

Die Situation überforderte mich in diesem Moment. Adrenalin schoss durch meinen Körper, mein Herz raste. Ich fühlte mich wie aufgeladen, überwältigt – aber seltsamerweise hielt sich die Angst in Grenzen. Es war mehr Aufregung als Furcht. Im Licht der Lampe konnte ich mir das Gesicht des Grey sehr gut einprägen.

Mir fielen Feinheiten auf. Das Gesicht wirkte fast ledrig. Die Haut war uneben, mit feinen Runzeln durchzogen. Ich bemerkte einen etwa vier bis fünf Zentimeter breiten Schlitz, dort wo bei einem Menschen der Mund sitzt, dieser war leicht vorgewölbt. Zwei kleine Öffnungen anstelle einer Nase. Etwa fünf Millimeter im Durchmesser, rund. Die großen, schräg stehenden Augen verrieten nicht viel – eigentlich gar nichts. Ich sah keine Augenlider, keine Augenbrauen und keine Pupillen. Dort war einfach nur eine schwarze Fläche. Offensichtliche Ohren konnte ich nicht wahrnehmen, und mir fehlte die Sicht von der Seite auf den Kopf des Grey.

Dann hörte ich etwas – Geräusche, die ich nur schwer beschreiben kann. Ein Gemisch wie dem Zirpen von Grillen und abgehackten krächzenden Lauten. Man könnte vermuten, die beiden hätten sich kurz unterhalten. Plötzlich entwickelte sich eine leicht hektische Dynamik zwischen den beiden.

Auf einmal erklang eine Tonfolge in meinem Ohr. Ein langes, ein kurzes und wieder ein langes Piepen. Wie ein durchdringendes

Signal, das mich, nicht zuletzt auch wegen der Lautstärke, zusammenzucken ließ – zumindest innerlich, denn äußerlich war ich noch immer gefangen in dieser lähmenden Paralyse.

Jetzt versuchte ich zu sprechen. Ich hatte das Bedürfnis, etwas zu sagen, doch es gelang mir nicht. Meine Gedanken waren wie fragmentiert, unzusammenhängend. Ich konzentrierte mich stark und versuchte gedanklich Worte zu einem Satz zusammenzufügen.

Der Grey vor meinem Gesicht löste sich einfach auf. Es war, als würde er in einer Art Schimmern verschwinden, Pixel für Pixel. Der zweite Grey folgte ihm umgehend, und so wie sie verschwunden waren, endete augenblicklich auch die Paralyse.

Ich schoss hoch, fassungslos und sog die Luft tief ein. Niemand mehr da. Das Zimmer war leer und still. Die Nachttischlampe brannte unbeeindruckt weiter. Eine ganze Weile saß ich immer noch mit pochendem Herzen da und versuchte einzuordnen, was gerade geschehen war.

Meine Aufregung wollte einfach nicht nachlassen, und so begann ich alles niederzuschreiben.

Ich dachte an die Details: die Beschaffenheit ihrer Haut, die ungeheuerlichen Proportionen ihrer Köpfe und die seltsam sanfte Art, wie mich der Grey berührt hatte. Diese Wesen waren alles andere als glatt und einheitlich. Ihre Haut war rau, stellenweise leicht runzlig. Auch der Abstand der Nasenöffnungen und die ungewohnte Struktur ihres Mundes blieben mir in Erinnerung.

Dann kam mir ein beunruhigender Gedanke: Was hatten sie mit mir gemacht? Ich wusste es nicht. Doch ich hatte das Gefühl, dass etwas geschehen war – etwas, worüber ich nicht aufgeklärt wurde.

Als ich weiter nachdachte, wurde mir wieder bewusst, wie verletzlich ich in diesem Moment gewesen war. Vollkommen ausgeliefert. Unfähig, mich zu wehren. Das ist alles andere als angenehm. Unwillkürlich fragt man sich, was wäre wenn die fremden Besucher die Absicht hätten einen zu verletzten oder schlimmeres? Man könnte nichts dagegen tun.

Ich fragte mich, ob diese Begegnung direkt mit meinen vorherigen Gedanken und Kommunikationsversuchen zusammenhing. Diese Fragen kreisten in meinem Kopf und ich hatte wirklich die Vermutung, dass es so war.

Wenn ich heute auf meine bisherigen Erlebnisse zurückblicke, erkenne ich ein gewisses Muster. Es schien fast so, als hätten die Grey ihre „Besuche" mit einer Art Vorankündigung versehen. Abgesehen von 1995 war da das Klopfen, die Geräusche – die ich über viel zu lange Zeit hinweg immer wieder hörte und dessen Ursprünge sich mir nie rational erschlossen. Dann die intensiven Erlebnisse während meines Urlaubs, die zwar fremdartig, aber gleichzeitig erstaunlich freundlich und beruhigend wirkten. Schließlich der direkte Übergriff in meinem Schlafzimmer. Was mich dabei beschäftigt, ist die Frage nach der Bewertung all dessen. Wie ordnet man solche Begegnungen ein? Aus meiner Perspektive, die von Gewöhnung und verzweifeltem Versuch der Einordnung geprägt war, haben diese Erlebnisse trotz ihrer Fremdartigkeit nicht ausschließlich bedrohlich gewirkt.

Die Grey erschienen nicht als aggressive Eroberer, sondern als Wesen, die mit einer fast klinischen Neutralität handelten.

Doch ist das die richtige Perspektive?

Betrachtet man das Ganze mit klarem, rationalem Blick, kommt man unweigerlich zu einem anderen Schluss. Faktisch war ich Opfer eines ungewollten Eingriffs in meine Privatsphäre und körperliche Unversehrtheit.

Würde ein Mensch ohne mein Einverständnis in mein Schlafzimmer eindringen und mich berühren, wäre die Sache völlig klar: Es wäre ein Übergriff, eine Verletzung meiner persönlichen Grenzen.

Warum habe ich es dennoch anders wahrgenommen?

Vielleicht liegt es daran, dass ich in der Zeit zuvor allmählich auf diese Erlebnisse „vorbereitet" wurde. Die Grey schienen nicht mit Gewalt oder Einschüchterung vorzugehen, sondern schufen durch ihre seltsame Kommunikationsweise – seien es Klopfgeräusche oder das freundlich wirkende Erlebnis im Urlaub – eine Art Beziehung zu mir.

Ich möchte die Grey hier weder glorifizieren noch möchte ich sie verteufeln. In späteren Erlebnissen habe ich auch sehr positive Erfahrungen gemacht für die ich tatsächlich außerordentlich dankbar bin. Dazu später mehr.

Dennoch bleibt die Frage: War meine passive Akzeptanz nicht ein Zeichen dafür, dass ich zu sehr versucht habe, das Unfassbare zu normalisieren? Denn trotz aller Bemühungen, die Erlebnisse zu verstehen und in einen

halbwegs positiven Kontext zu setzen, bleibt eine unumstößliche Tatsache: Ich war vollkommen ausgeliefert. Diese Erkenntnis ist schwer zu verdauen. Und wie hätte ich mich überhaupt wehren sollen? In einem Zustand völliger Paralyse bleibt einem keine Wahl. Man ist nicht nur körperlich bewegungsunfähig, sondern auch mental blockiert – unfähig zu sprechen, zu schreien oder überhaupt klare Gedanken zu fassen. Wenn einem selbst die einfachsten instinktiven Handlungen genommen werden, bleibt nur das Ertragen und das hoffen, dass es bald vorbei ist.

Spätestens nach dem letzten Erlebnis, ist offensichtlich, dass die Paralyse in diesem Zusammenhang wohl ein gezielt eingesetztes Mittel zur Kontrolle ist.

Welche Möglichkeiten bleiben einem also? Vielleicht besteht der einzige Weg in einem bewussten mentalen Widerstand. Der Versuch, trotz der lähmenden Umstände einen klaren Gedanken zu fassen, eine Form von innerer Kontrolle zurückzugewinnen. Doch das ist leichter gesagt als getan.

Am Dienstagmorgen, dem 29. November 2005, entdeckte ich etwas Ungewöhnliches im Spiegel. Unterhalb meines linken Auges befand sich eine seltsame Stelle – eine Kuhle in der Haut, gerötet und gereizt. Sie sah nicht aus wie eine bloße Schürfwunde oder ein kleiner Kratzer, sondern ging tiefer. Doch das Seltsamste war: Ich hatte keinerlei Erinnerung daran, mich dort verletzt zu haben. Am Abend zuvor, war da nichts.

Das Areal kribbelte und bitzelte unaufhörlich. Ein nerviges, fast elektrisierendes Gefühl, das einfach nicht aufhören wollte. Ich griff zu allem, was meine bescheidene Hausapotheke hergab – Salben, Handcreme –, aber nichts brachte Linderung. Schließlich nahm ich am Abend einen Eiswürfel und drückte ihn mit Unterbrechungen immer wieder auf diese Stelle. Dann hörte das unangenehme Gefühl auf. Erst dachte ich, die Kälte hätte es einfach nur betäubt, aber es blieb tatsächlich weg. Auch am nächsten Tag. Ein paar Tage später, bei einem ohnehin anstehenden Termin, sprach ich meinen Hausarzt darauf an. Wir kannten uns seit Jahren und hatten ein gutes Verhältnis zueinander. „Schau dir das mal bitte an", sagte ich und zeigte ihm die Stelle. „Es sieht für mich aus, als würde da Gewebe fehlen."

Er beugte sich näher heran und musterte die Kuhle mit einem kritischen Blick. „Wirkt wie ein mechanisches Trauma", meinte er schließlich. „Was ist denn passiert?"

Ich schüttelte den Kopf. „Keine Ahnung. Ich kann mich nicht erinnern."

Er hob skeptisch eine Augenbraue. „Na du machst Sachen. Verrückt."

Das war es tatsächlich. Noch heute, im Jahr 2025, ist diese Fehlstelle sichtbar. Und bis heute habe ich keine Erklärung dafür. Die

Wunde war plötzlich da – ohne dass ich mich an ein passendes Ereignis erinnern könnte.

Ein Detail bleibt besonders merkwürdig: Die Art und Weise, wie die Wunde aussah, ließ nur einen Schluss zu – sie war bereits verheilt, als ich sie entdeckte. Kein typischer Heilungsverlauf, sondern so, als hätte jemand einfach ein Stück Gewebe entfernt und die Stelle über Nacht geschlossen.

Ob meine Besucher damit zu tun hatten? Vielleicht. Sicher wissen kann ich es nicht. Doch das Gefühl, dass mehr dahintersteckt, ließ mich nicht los.

Der Begriff „Schaufelnarben" beschreibt auffällige, meist runde oder ovale Hautvertiefungen, die ohne bekannte äußere Ursache plötzlich auftreten. Diese ungewöhnlichen Narben sehen oft aus, als hätte jemand mit einem winzigen Werkzeug Gewebe entnommen. Charakteristisch ist die Tatsache, dass sie meist bereits verheilt sind, wenn Betroffene sie zum ersten Mal entdecken – als sei der normale Heilungsprozess übersprungen worden.

Interessanterweise berichten Menschen weltweit von solchen Hautveränderungen, oft im Zusammenhang mit rätselhaften nächtlichen Erlebnissen oder Begegnungen mit dem Unbekannten. Diese Narben treten nicht selten an Rücken, im Gesicht oder an den Oberarmen auf.

Einige Beschreibungen lassen vermuten, dass Schaufelnarben in Verbindung mit Untersuchungen stehen könnten, die von fremden Besuchern vorgenommen werden. In manchen Berichten wird von subtilen „medizinischen Prozeduren" gesprochen, bei denen Betroffene ein Gefühl von Druck oder ein leichtes Kribbeln verspürten. Häufig, nicht immer, sind solche Erfahrungen jedoch von einem Zustand der Paralyse begleitet, was den Moment des Eingriffs selbst schwer fassbar macht.

Obwohl viele dieser Narben keine gesundheitlichen Probleme verursachen, bleibt ihre Herkunft rätselhaft. Interessanterweise tauchen ähnliche Hautveränderungen auch in historischen Berichten auf, in denen Menschen Begegnungen mit seltsamen Wesen schilderten. Solche Geschichten reichen bis in das frühe 20. Jahrhundert zurück.

Das Thema „Schaufelnarben" ist bis heute Gegenstand kontroverser Diskussionen. Während manche auf mögliche natürliche Erklärungen wie Hauterkrankungen oder unbemerkte Verletzungen hinweisen, bleibt die Tatsache bestehen, dass viele Betroffene keine nachvollziehbare Ursache für diese Hautveränderungen benennen können. Wie in meinem Fall.

Für jene, die solche Narben bei sich entdecken, stellt sich häufig die Frage: Handelt es sich um eine harmlose Anomalie – oder einen Hinweis auf etwas, das näher betrachtet werden sollte?

In diesen Zeiten begann ich parallel aktiv nach „Anderen" zu suchen – Menschen, die ähnliche oder sogar identische Erlebnisse gemacht hatten wie ich. Das Bedürfnis, sich auszutauschen und Bestätigung zu finden, war einfach zu groß. Erstaunlicherweise fand ich in den Weiten des World Wide Web tatsächlich ernstzunehmende Personen, die ebenfalls interessante und verblüffende Erfahrungen zu berichten hatten.

Der Austausch tat unheimlich gut. Es war beruhigend zu wissen, dass ich nicht allein war. Gemeinsam stellten wir fest, dass es Details in unseren Erzählungen gab, die sich auffällig ähnelten. Solche Übereinstimmungen konnten kein Zufall sein. Mit einigen dieser Personen bin ich noch heute in Kontakt.

Natürlich hatte ich in meiner Mutter einen ersten Gesprächspartner gefunden. Dennoch musste ich dem Verlangen nachge ben, gezielt Menschen wie mich zu finden. Was mir ja auch tatsächlich gelang. Ehrlich gesagt hatte ich damals nicht erwartet, auf Gleichgesinnte zu stoßen, und wusste auch nicht genau, wo ich gezielt suchen sollte.

Allerdings möchte ich auch einen Hinweis geben: Nicht jeder im Netz, der von sich behauptet, ebenfalls betroffen zu sein, ist es auch. Das sollte einem bewusst sein. Nur man selbst – sofern man für sich bereits Klarheit geschaffen hat – kann am besten beurteilen, ob das Gegenüber echte Erfahrungen gemacht hat. Für mich offenbarten sich solche Unterscheidungen oft in kleinen Details, die ein unechter Betroffener schlicht nicht glaubwürdig wiedergeben konnte.

Leider bin ich damals auch jemandem aufgesessen, dessen einziges Ziel es war, an möglichst viele vermeintliche „Insider-Informationen" zu gelangen – und sei es um den Preis, ein zweckdienlich erschlichenes Vertrauen schamlos zu missbrauchen. Dies über lange Zeit aufgebaute Vertrauen hatte ich als echt empfunden. Doch es war nur ein Spiel.

Solche schlechten Erfahrungen sind wohl keine Seltenheit. Die Gemeinschaft echter Betroffener ist verständlicherweise vorsichtig und zurückhaltend. Vertrauen ist ein kostbares Gut, das man nicht leichtfertig verschenken sollte. Aber ein genauer Blick lohnt sich. Ist das Eis einmal gebrochen, hat man verlässliche Ansprechpartner gefunden – Menschen, die einem mit ehrlichem Interesse zuhören und das „Leid" verstehen. Und allein das kann unwahrscheinlich hilfreich sein.

Interessant ist dabei auch die Dynamik, die sich innerhalb solcher Gruppen entwickelt. Obwohl die meisten Betroffenen anfangs sehr zurückhaltend sind, entsteht mit der Zeit eine fast familiäre Atmosphäre. Die geteilten Erfahrungen schaffen eine besondere Verbindung, die man so mit kaum jemand anderem erleben kann. Es ist ein seltsames Paradoxon: Während diese Erlebnisse isolieren können, bringen sie gleichzeitig Menschen zusammen, die sonst wohl nie zueinander gefunden hätten.

Soziale Dynamiken spielen dabei eine entscheidende Rolle. Vertrauen ist das Fundament, aber ebenso wichtig ist der gegenseitige Respekt. Jeder bringt seine eigene Geschichte mit, und diese Geschichten sind unterschiedlich intensiv und schwer zu verarbeiten. Einige Betroffene suchen schlicht Trost, während andere nach handfesten Erklärungen dürsten. In dieser Mischung entsteht eine besondere Form der Unterstützung, bei der sich jeder nach seinen Bedürfnissen einbringen kann.

Nicht selten entstehen dabei echte Freundschaften, die weit über das bloße Gespräch über außergewöhnliche Erlebnisse hinausgehen. Man lernt sich als Mensch kennen und schätzen.

Einige Gruppen organisieren sogar Treffen im echten Leben, was die Verbindung noch weiter stärkt.

Ein weiterer interessanter Aspekt ist die Art und Weise, wie manche Betroffene ihre Erfahrungen kreativ verarbeiten. Sie schreiben Bücher, malen Bilder oder schaffen Musikstücke, die das Unaussprechliche greifbar machen sollen. Diese kreativen Ausdrucksformen werden innerhalb der Gemeinschaft oft hoch geschätzt und bieten eine weitere Möglichkeit, das Erlebte zu verarbeiten.

Alles in allem sind diese sozialen Netzwerke ein exquisiter Schatz für Betroffene. Sie bieten nicht nur Trost und Verständnis, sondern auch Inspiration und neue Perspektiven. Wer sich darauf einlässt, kann nicht nur seine eigene Geschichte besser verstehen, sondern auch die Geschichten anderer – und daraus Kraft schöpfen. Doch selbst in diesen unterstützenden Netzwerken bleiben manche Fragen bestehen. Was geschieht eigentlich mit uns, wenn solche Erlebnisse unser Leben betreten? Welche Spuren hinterlassen sie tief in unserem Inneren, jenseits des offensichtlichen Austauschs? Denn oft sind es die unbewussten Veränderungen, die unser Denken, unsere Entscheidungen und unsere Beziehungen langfristig prägen.

Die unbewussten Folgen außergewöhnlicher Erfahrungen
Wenn Menschen von außergewöhnlichen Erlebnissen berichten – sei es durch die Begegnung mit unerklärlichen Phänomenen oder durch tiefgreifende persönliche Erfahrungen – sind die unmittelbaren Auswirkungen oft offensichtlich: Schlafprobleme, gesteigerte Wachsamkeit und emotionale Erschütterung. Was jedoch häufig im Hintergrund bleibt, sind die subtilen, langfristigen Veränderungen, die diese Erfahrungen auf unser Verhalten und unsere Wahrnehmung ausüben können.

Wenn Vertrauen ins Bekannte schwindet
Eine der tiefgreifendsten Veränderungen betrifft die Art und Weise, wie Entscheidungen getroffen werden. In einer Welt, die plötzlich nicht mehr den gewohnten Regeln zu folgen scheint, wird die bisherige Grundlage für Entscheidungen fragwürdig. Situationen, die einst klar und logisch erschienen, können nun mit Misstrauen betrachtet werden.
Man könnte es als eine Art „Erwartungsverschiebung" bezeichnen: Wenn Ungewöhnliches möglich ist, warum sollte das Gewöhnliche noch zuverlässig sein? Diese Denkweise beeinflusst alltägliche Entscheidungen – vom Vertrauen in technische Geräte bis hin zur Wahl von sicheren Rückzugsorten.
Zudem entwickelt sich bei manchen Betroffenen ein starkes Bedürfnis nach Kontrolle. Entscheidungen werden gründlicher abge-

wogen, Szenarien vorsorglich durchdacht. Gleichzeitig kann jedoch das Gegenteil auftreten: Eine gewisse Gleichgültigkeit gegenüber der Entscheidung selbst, da man ohnehin das Gefühl hat,
nicht alles kontrollieren zu können. Gerade das vorsorgliche
durchdenken, hatte sich bei mir enorm ausgeprägt. Fluch und Se-
gen zugleich im Alltag als auch im Berufsleben. Sogenannten
Worst-Case-Szenarien hatte ich oft im Blick bei all meinen Überlegungen.

Der Spagat zwischen Nähe und Isolation
Der Wunsch, sich mitzuteilen, stößt bei solchen Erlebnissen schnell
an Grenzen. Vielen Betroffenen fällt es schwer, die richtigen Worte
zu finden, um das Erlebte zu beschreiben. Oft bleibt die Sorge, nicht
ernst genommen oder gar als „verrückt" abgestempelt zu werden.
Dies führt nicht selten zu einer vorsichtigen Abwägung: Wem kann
ich vertrauen? Wer könnte wahrhaftig verstehen, was ich durch-
gemacht habe? Diese Überlegungen beeinflussen, wie nah man
andere Menschen an sich heranlässt.
Ein weiteres Phänomen ist die Neigung, Gespräche und soziale Situationen stärker zu beobachten. Vielleicht ist dies eine unbewusste Reaktion auf das Gefühl, mit dem Unbekannten konfrontiert gewesen zu sein. Man achtet genauer auf Nuancen in der
Kommunikation und reagiert sensibler auf subtile Signale.
Allerdings gibt es auch das positive Gegenteil: Begegnungen mit
dem Unerklärlichen schaffen ein tiefes Bedürfnis nach echter, un-
verstellter Nähe. Gespräche werden direkter, weil man weniger
Geduld für Oberflächlichkeiten hat. Die Suche nach authentischen
Verbindungen wird intensiver.

Die Verschiebung der Normalität

Die vielleicht tiefgreifendste Folge ist die Veränderung dessen, was man als „normal" empfindet. Wo zuvor klare Trennlinien zwischen Realität und Fantasie, Vertrautem und Fremdem existierten, werden diese Linien verschwommen.

Wenn das Unerklärliche plötzlich real wird, verliert das Bekannte seinen absoluten Status. Eine Straßenlaterne, ein einfacher Lichtreflex oder ein seltsames Geräusch – alles bekommt eine potenzielle Bedeutung.

Dies bedeutet jedoch nicht zwangsläufig etwas Negatives. Im Gegenteil: Manche Betroffene berichten, dass sie die Welt offener und mit größerer Neugier betrachten. Diese Verschiebung kann zu einer erweiterten Wahrnehmung führen, in der Details bewusster wahrgenommen und geschätzt werden.

Ein hilfreicher Gedanke für Betroffene

Wenn Sie selbst solche Erfahrungen gemacht haben und sich in einem inneren Konflikt befinden, könnte ein wichtiger Ansatz darin liegen, die Kontrolle dort zu suchen, wo sie noch greifbar ist. Versuchen Sie, im Alltag bewusste Entscheidungen zu treffen – sei es bei der Gestaltung Ihrer Umgebung, der Pflege sozialer Kontakte oder dem bewussten Genießen von Momenten, die Sie stabilisieren.

Erzwingen Sie nicht, dass andere Ihre Erlebnisse verstehen müssen. Suchen Sie vielmehr Menschen, die bereit sind, zuzuhören, ohne gleich bewerten zu wollen. Und erinnern Sie sich daran: Auch, wenn sich Ihre Welt durch solche Begegnungen verändert hat, bleiben Sie selbst dennoch der Dreh- und Angelpunkt Ihrer Erfahrungen.

Der Schlüssel liegt nicht darin, Antworten auf alle Fragen zu finden – sondern darin, mit den Fragen zu leben und trotz allem ein erfülltes und bewusstes Leben zu führen.

Am 11. Dezember 2005, in den frühen Morgenstunden eines Sonntags, verließ ich anscheinend ungewollt meine Wohnung. Das Ganze trug sich etwa gegen 4:30 Uhr zu. Wieder durchlebte ich einen ungewöhnlich intensiven Traum, der sich merklich von normalen Träumen unterschied. Das Geschehen hatte etwas Tranceartiges, und die Szenerie wirkte seltsam „intensiver". Es ist schwer zu beschreiben.

Ohne jede Vorwarnung riss mich ein heftiger Ruck aus diesem Traum. Meine Augen öffneten sich schlagartig – und ich war wach. Aber ich war nicht allein. Ich saß offenbar in einer Art weichem Stuhl oder Liege mit einer leicht geneigten Rückenlehne. Meine Gedanken galoppierten: Was geht hier vor? Wo bin ich?

Zu meiner linken und rechten stand jeweils ein Grey, direkt neben mir, zum Greifen nah – wäre da nicht diese lähmende Paralyse gewesen, die mich wie in Fesseln hielt. Wohl mit Absicht.

Faszination und Aufregung kämpften in mir, doch seltsamerweise fehlte jede Spur von Angst. Das fiel mir allerdings erst später auf. Kam dieses Fehlen der Furcht von mir selbst, oder wurde ich etwa dahingehend von den Wesen beeinflusst?

Mein Körper begann sich langsam in eine Drehbewegung zu versetzen. Mit den Augen versuchte ich möglichst alles um mich herum zu erfassen. Ich spürte, wie die Greys mich an den Oberarmen hielten und diese Bewegung steuerten. Ihr Griff war wohldosiert, dennoch unmissverständlich.

Während ich mich gemächlich drehte, erkannte ich etwas weiter entfernt eine dritte Gestalt. Links vor mir. Ein weiterer Grey, der mich still beobachtete, ohne aktiv einzugreifen. Wieder konnte ich keinerlei Kleidung entdecken. Eindeutige Geschlechtsmerkmale waren ebenso nicht auszumachen.

Der Raum um mich herum wirkte silbern, fast metallisch. Andere Gegenstände oder gar „Möbelstücke"? Fehlanzeige. Spezifische

Geräusche oder einen markanten Geruch konnte ich nicht wahrnehmen. Die Wand, die ich vor mir sehen konnte, schien aus sich selbst heraus zu leuchten und erfüllte den Raum mit einem weichen, diffusen Licht. Die Luft war kühl, fast schon kalt, und ich fröstelte leicht. Langsam brachte mich die Drehung bäuchlings zur Ruhe. Meine Arme waren nach vorn ausgestreckt, während die Greys mich weiterhin hielten. Dann spürte ich, dass der Grey zu meiner Linken seine Hand von meinem Arm nahm.

Wenige Momente später durchfuhr mich ein ziehender Schmerz unterhalb der linken Achselhöhle. Der Schmerz war wechselhaft – mal leicht und dumpf, mal fast stechend. Mein inneres Gesicht verzog sich vor Schmerz. Es tat immer wieder wirklich weh.

Ich wollte etwas sagen. Ein unzusammenhängender Gedanke formte sich in meinem Kopf und schob sich irgendwie bruchstückhaft nach draußen. Ich hatte kaum klare Worte, nur ein unsicherer Laut – eine Mischung aus Verwunderung und unwillkürlichem Protest verließ meine Lippen.

Zu meiner grenzenlosen Überraschung geschah etwas Unerwartetes. Der Grey zu meiner Rechten ließ seine Hand sinken und nahm schließlich meine Hand.

Ich starrte sprachlos auf diese Geste. Seine Hand war kleiner als meine, mit schlanken, fast filigranen Fingern.

Aus irgendeinem Grund ließ die Lähmung meiner Hand nach, und ich erwiderte den Griff unwillkürlich.

Drück nicht zu fest, dachte ich noch bei mir. Seine Hand erschien mir grazil, beinahe zerbrechlich.

Da war etwas Sanftes, ja fast Zärtliches in dieser Berührung. Eine Geste, die ich als beruhigend empfand – verrückt, wenn man bedenkt, dass ich mich gerade einem Eingriff ohne Zustimmung unterziehen musste.

Meine Reaktion hätte normalerweise anders ausfallen müssen. Tat sie aber nicht. Und ich frage mich bis heute, warum.

Da ich Kontrolle über meine Stimme hatte, wollte ich eine Frage stellen. Doch ehe die Worte meine Lippen verlassen konnten, spürte ich wieder einen Ruck – und dann: Blackout.

Ich befand mich unverhofft wieder in meinem Bett, ohne die geringste Ahnung, wie ich zurückgekommen war. Ich lag in einer unnatürlichen Haltung auf dem Rücken, die Knie seltsam angewinkelt wie ein Keil. Ich ließ meine Beine sinken und spürte sofort einen leichten, ziehenden Schmerz unterhalb meiner linken Achselhöhle. Der Schmerz erinnerte mich an einen Schnitt, wie wenn man sich versehentlich mit einem Messer in den Finger schneidet.

Ich stand auf und eilte ins Badezimmer. Vor dem Spiegel streifte ich mein T-Shirt ab, hob den linken Arm und drehte mich leicht zur Seite, um die Stelle besser sehen zu können. Und tatsächlich: Dort war ein feiner, roter Strich. Etwa fünf Zentimeter lang.

Doch das war nicht alles. Ganz in der Nähe dieses Strichs entdeckte ich eine neue Schaufelnarbe, die da eigentlich auch nicht sein sollte. Ebenso wie die Stelle im Gesicht gab es auch zu dieser Narbe keinen mir bekannten Vorfall, der sie verursacht haben könnte.

Der Gedanke lag nahe, dass es mit dem zu tun hatte, was ich kurz zuvor erlebt hatte. Hatte ich hier mein erstes CE-4 Erlebnis?

Wenn man sich mit dem Thema Begegnungen mit außerirdischen Phänomenen beschäftigt, stößt man zwangsläufig auf die sogenannte "CE-Klassifikation" (Close Encounters). Diese systematische Einteilung wurde ursprünglich von dem US-amerikanischen Astronomen und Ufologen Dr. J. Allen Hynek entwickelt und hat sich seit den 1970er Jahren weltweit etabliert. Sie dient dazu, die verschiedenen Formen von Begegnungen zwischen Menschen und unbekannten Flugobjekten (UFO/UAP) oder deren möglichen Insassen in Kategorien zu unterteilen.

CE-1: Nahbegegnung der ersten Art

Hierbei handelt es sich um eine Sichtung eines UFO/UAP aus nächster Nähe, in der Regel innerhalb eines Radius von etwa 150 Metern. Charakteristisch ist, dass das beobachtete Objekt keine direkte Interaktion mit der Umgebung oder dem Beobachter aufweist. Es bleibt eine reine visuelle Erfahrung.

CE-2: Nahbegegnung der zweiten Art

Diese Begegnung geht über das bloße Sehen hinaus und beinhaltet physische Spuren oder Effekte. Dazu können verbrannte Stellen auf dem Boden, magnetische Anomalien oder Störungen elektronischer Geräte gehören. Auch körperliche Symptome wie plötzliches Schwindelgefühl oder Übelkeit wurden in solchen Fällen berichtet.

CE-3: Nahbegegnung der dritten Art

Hier kommt es zur Sichtung von "Insassen" eines unbekannten Flugobjekts. Diese Wesen werden häufig als humanoid beschrieben, wenngleich die Erscheinungen variieren. Die Begegnungen dieser Kategorie sind besonders stark in das kollektive Bewusstsein eingedrungen – insbesondere durch Filme und Medienberichte.

CE-4: Nahbegegnung der vierten Art

Diese Kategorie umfasst Berichte über Entführungen oder sogenannte "Abductions". Menschen schildern hierbei Erlebnisse, bei denen sie gegen ihren Willen an Bord eines UFOs/UAPs gebracht und verschiedenen Untersuchungen unterzogen wurden. CE-4 ist besonders umstritten, da die Erlebnisse oft mit Erinnerungslücken oder bewusstseinsverändernden Zuständen einhergehen.

CE-5: Nahbegegnung der fünften Art

Diese Kategorie wurde später hinzugefügt und beschreibt bewusste, vom Menschen initiierte Interaktionen mit außerirdischen Intelligenzen. Anhänger dieser Theorie glauben, dass durch Meditation, bestimmte Signale oder geistige Techniken Kontakt hergestellt werden kann. CE-5 hat in jüngerer Zeit an Popularität gewonnen, insbesondere durch die Arbeit von Dr. Steven Greer.

Diese Klassifikation mag zunächst abstrakt wirken, bietet jedoch eine Möglichkeit, die Vielfalt der Begegnungen systematisch zu erfassen. Sie spiegelt nicht nur wissenschaftliches Interesse wider, sondern auch das tiefe Bedürfnis des Menschen, das Unfassbare in eine begreifbare Ordnung zu bringen.

Ob skeptisch oder offen: Die Kategorien der Nahbegegnungen sind ein faszinierender Aspekt moderner Ufologie und laden dazu ein, über die Grenzen des Gewohnten hinauszudenken.

Sie zeugen offensichtlich davon, dass das Unerklärliche nicht nur ein individuelles Erlebnis ist, sondern Teil eines globalen Phänomens, das weiterhin Fragen aufwirft, die noch lange nicht beantwortet sind. Nach der allgemein anerkannten CE-Klassifikation würde mein Erlebnis wohl in die Kategorie CE-4 fallen. Die Merkmale sprechen dafür: Eine ungewollte Entführung, der Verlust der Kontrolle über meinen Körper, das Aufwachen an einem unbekannten Ort und ein Eingriff, dem ich nicht zustimmen konnte. Aber wie genau kann man das wirklich einordnen, wenn man nicht einmal sicher sagen kann, wo man gewesen ist?

Es gab kein Fenster, durch das ich hätte sehen können, ob ich mich in einem Raumschiff befand – mit einem atemberaubenden Blick auf die Erde oder das endlose Schwarz des Universums. Kein Sternenmeer, keine galaktische Kulisse. Nichts. Der Raum wirkte in sich

abgeschlossen, mit silbernen, leuchtenden Wänden, die keine Orientierung zuließen.
Wie kann ich also beantworten, wo ich war?

Vielleicht war es tatsächlich ein Raumschiff irgendwo im Orbit.
Aber ebenso gut könnte ich mich in einer hypothetischen Basis auf
dem Meeresboden befunden haben – in einer verborgenen Ein-
richtung, die unserer Vorstellungskraft kaum zugänglich ist. Vielleicht war es auch ein Ort, der weder zu Land, zu Wasser noch im
Weltraum lag, sondern schlichtweg außerhalb unseres herkömmlichen Verständnisses von „Ort".
Ich kann es nicht beantworten.
Das ist das Frustrierende an solchen Erlebnissen: Es bleiben mehr
Fragen als Antworten. Man wacht auf, spürt den Boden unter sich
und sieht diese fremdartigen Gestalten – und doch bleibt alles ein
großes, undurchdringliches Rätsel. Das Gehirn versucht, sich an irgendeinem Anhaltspunkt festzuklammern. Aber da ist nichts Greifbares. Nur der unmissverständliche Eindruck, *nicht mehr in meinem gewohnten Umfeld gewesen zu sein.*
Das macht es schwer, das Erlebte einzuordnen. Ohne einen Be-
zugspunkt, ohne eine klare Bestätigung dessen, wo ich war, bleibt
es genau das: ein unfassbares Stück Wirklichkeit, ein mysteriöser
Ort der sich jeder eindeutigen Schublade zu entziehen scheint.

In vielen Kulturen der Welt gibt es Geschichten über Wesen, die die
Grenzen zwischen Traum und Wirklichkeit überschreiten. Sie er-
scheinen nachts, wenn die Welt still ist und unser Verstand im
Schlaf nachlässt. Diese Wesen sind seit Jahrhunderten Teil von
Mythen und Legenden – doch was, wenn sie nicht bloß aus der
Fantasie unserer Vorfahren stammen? Was, wenn sie das Abbild
von Begegnungen sind, die wir heute schlicht mit anderen Worten
beschreiben würden?

Nehmen wir als Beispiel die nordische Mythologie. Dort gibt es die „Mähre", ein böses Wesen, das sich nachts auf die Brust der Schlafenden setzt und ihnen den Atem raubt. Die Opfer erwachen schweißgebadet, unfähig, sich zu bewegen. Ein Zustand, der frappierend an moderne Berichte über Schlafparalyse erinnert.

Die Wissenschaft versucht, heutige Erlebnisse Betroffener häufig auf Schlafparalyse zurückzuführen – einen Zustand, in dem das Gehirn bereits wach ist, der Körper jedoch noch 'schläft'. Doch keine neurologische Erklärung konnte mir die präzisen Details und körperlichen Veränderungen während bzw. nach meinen Erlebnissen plausibel machen.

Im Orient spricht man von den Djinns – Wesen aus rauchlosem Feuer, die in einer parallelen Welt existieren und gelegentlich mit uns interagieren sollen. Einige Berichte beschreiben sie als trickreiche Gestalten, die den Schlafenden heimsuchen und ihn mit seltsamen Wahrnehmungen zurücklassen.

Auffällig ist, dass auch hier das Motiv des Nachtbesuchers wiederkehrt – einer fremden Entität, die unsere vertraute Welt stört und einen Zustand zwischen Angst und Faszination hinterlässt.

Interessant ist auch ein Blick auf die griechische Antike. Die Morpheus-Legenden erzählen von einem Gott, der die Fähigkeit besitzt, den Schlafenden in Träumen zu erscheinen und ihn in andere Welten zu entführen. Morpheus selbst wurde dabei oft als geflügeltes Wesen dargestellt – eine Darstellung, die nicht unähnlich den heutigen Beschreibungen von ungewöhnlichen Lichtwesen ist, die in einigen Entführungsberichten auftauchen. Nur ein Gedankenspiel, aber diese Ähnlichkeiten werfen durchaus Fragen auf.

Was, wenn unsere Vorfahren schlicht keine anderen Worte hatten, um das zu beschreiben, was sie erlebten? Die Begriffe und Deutungsmuster waren damals von Religion und Mythologie geprägt.

Ein Mensch, der nachts von einem grauenhaften Wesen ohne erkennbare Gesichtszüge besucht wurde, sprach eben von einer Mähre oder einem bösen Geist. Heute würde derselbe Mensch vielleicht von einem Grey oder einer unidentifizierten Entität sprechen.

Auch das Motiv des Schwebens findet sich in alten Berichten erstaunlich häufig. Während heute von plötzlichem Gewichtsverlust und einem schwebenden Zustand im Rahmen von Ufo-Entführungen die Rede ist, erzählen alte Volkslegenden von Menschen, die „im Schlaf entführt und durch die Lüfte getragen wurden".

Die Beschreibungen mögen sich unterscheiden, aber das Erlebnis selbst scheint zeitübergreifend ähnlich zu sein.

Besonders bemerkenswert ist, wie tief verwurzelt diese Geschichten in unseren kollektiven Erinnerungen sind. Selbst Menschen, die niemals von Mythen wie der Mähre oder den Djinns gehört haben, berichten von ähnlichen Erfahrungen. Sie beschreiben das Gefühl einer präsenten, fremdartigen Gestalt, die sich ungebeten Zutritt zu ihrem persönlichen Raum verschafft.

Diese Universalität könnte darauf hindeuten, dass solche Erlebnisse eine reale Grundlage haben – eine, die wir bislang nur nicht verstanden haben. Wer weiß.

Die moderne Wissenschaft versucht, solche Begegnungen in neurologische und psychologische Kategorien zu pressen. Die Theorie des „Hypnagogen Zustands" etwa erklärt, dass das Gehirn im Halbschlaf Trugbilder erzeugt, die das Erleben einer präsenten Gestalt hervorrufen können. Doch auch hier bleibt die Frage: Warum sind die Berichte weltweit so ähnlich? Warum begegnen Menschen immer wieder Wesen mit humanoiden Zügen, großen Augen und einem oft sanften, aber bestimmenden Verhalten? Die Liste ließe sich noch deutlich erweitern.

Vielleicht hat jede Zeit ihre eigenen Begriffe und Deutungen für das Unbekannte. Was früher Nachtwesen und Götter waren, nennen wir heute Greys oder Lichtwesen. Doch im Kern bleibt die Erfahrung dieselbe: der plötzliche Einbruch des Unfassbaren in eine vertraute Welt.

Ich frage mich manchmal, ob unsere Vorfahren mit ihren Erklärungsmustern nicht sogar offener waren als wir heute. Während wir versuchen, alles wissenschaftlich zu zerlegen und rational zu entkräften, hatten sie vielleicht einfach den Mut, das Unerklärliche als Teil der Welt zu akzeptieren.

Vielleicht liegt darin eine Lektion für uns. Eine Aufforderung, den Horizont unserer Wahrnehmung zu erweitern und die alten Geschichten nicht vorschnell stets als bloße Fantasie abzutun. Möglicherweise steckt ja mehr dahinter? Vielleicht erzählen sie uns von einer Wirklichkeit, die wir erst noch zu begreifen lernen müssen.

7. Besuche, Training, Prägung einer neuen Wirklichkeit

Wir schreiben das Jahr 2006. Eine ereignisreiche Zeit lag hinter mir
– voller Momente, die mein Weltbild tiefgreifend verändert hatten.
Doch das Leben hielt sich nicht damit auf, mir eine Verschnauf-
pause zu gönnen. Auch das vor mir liegende Jahr sollte nicht min-
der mit unfassbaren Erlebnissen angereichert sein.
Während ich noch versuchte, die Erfahrungen der letzten Monate
zu verarbeiten und in eine greifbare Ordnung zu bringen, kündigte
sich bereits das nächste Kapitel meiner ungewöhnlichen Reise an.

Am 4. Januar 2006, ein Mittwoch, kam es zu einem Wiedersehen
mit den Fremden.
Ich erinnere mich genau an die stille Vorahnung, die mich schon
den ganzen Tag begleitete, ohne dass ich ihr zunächst Bedeutung
beimaß. Doch je später es wurde, wandelte sich dieses diffuse Gefühl zu einer beklemmenden Gewissheit: Etwas würde geschehen.
Und ich sollte recht behalten.

In dieser Nacht konnte ich nicht einschlafen und lag noch viel zu
lange wach. Mein Kopfkino lief auf Hochtouren. Bilder dieser mysteriösen Schatten verfolgten mich, ich grübelte über die Klopfgeräusche nach und kämpfte in dieser Nacht mit meiner Furcht vor
dem Dunklen, die gerade jetzt wieder recht ausgeprägt schien. Zumindest gab es auch schon Zeiten, in denen ich damit deutlich
weniger Probleme hatte. Immerhin ein Fortschritt.
Irgendwann, es war so gegen 4:00 Uhr morgens, übermannte
mich dann doch die Müdigkeit – wohl eher Erschöpfung – und ich
schlief ein. Etwa eine Stunde später wurde ich durch ein Geräusch
geweckt. Ich stand auf, sah mich in der Wohnung um und ging
wieder zu Bett.

Um ca. 5:30 passierte etwas mit mir. Ich lag auf dem Bauch, den Kopf seitlich auf das Kissen gelegt. Plötzlich, ohne jede Vorwarnung, spürte ich, wie mein Körper langsam und kontrolliert ein gutes Stück im Bett nach hinten glitt – in Richtung Bett-Ende. Kein unwillkürliches Zucken im Halbschlaf, sondern eine Bewegung, die zielgerichtet wirkte.

Mein Atem beschleunigte sich. Ich hielt den Kopf regungslos, doch innerlich rebellierte alles in mir gegen das, was da gerade geschah. Ich versuchte, mich gegen die unsichtbare Kraft zu stemmen, wollte mich festhalten, aber nichts gehorchte mir. Meine Muskeln waren wie gelähmt, mein Herzschlag wurde unruhig.

Dann stoppte die Bewegung abrupt. Eine unnatürliche Stille legte sich über den Raum. Sekunden verstrichen. Da spürte ich es. Die Decke auf meinem Rücken begann sich langsam nach hinten zu ziehen.

Kühle Luft streifte meine Haut, und ich vernahm das leise Rascheln des Stoffes. Mein Oberkörper lag nun frei, nur meine Beine blieben bedeckt. Die Luft fühlte sich plötzlich schwer und dicht an, als ob der Raum selbst nach Atem rang.

Zwei Hände auf meinem Rücken. Warm und kontrolliert. Sie bewegten sich zielgerichtet, mal hin, dann wieder her, als würde etwas überprüft oder abgetastet.

Unwillkürlich, beinahe unbewusst, dachte ich an den Grey, der bei meinem Entführungserlebnis meine Hand hielt. Dieser Moment vor meinem geistigen Auge wiederholte sich. Genau jetzt.

Der Grey nahm abermals meine Hand, bewegte sie, bis seine Finger Platz zwischen meinen fanden. Und wieder beruhigte mich diese Geste ungemein. Als ob der Grey meine Bilder im Kopf wahrgenommen hätte. Was für ein Zufall. Oder nicht? Ich spürte seine Hand, seine Finger, eine ganze Weile. Die Berührungen waren diesmal weniger vorsichtig, etwas fester und intensiver.

Dann ließ er meine Hand los, und ich spürte, wie die Bettdecke zurück auf meinen Rücken gelegt wurde. Ich wurde zugedeckt.
Dann verschwand der Grey. Ich erlangte augenblicklich die volle Körperkontrolle zurück, hob den Kopf und sah mich um. Ich war wieder allein. Das Erlebnis war vorbei.

Lange dachte ich darüber nach, auf welche beinahe magisch anmutende Art und Weise diese Wesen den Raum verließen. Ich hatte bereits mit eigenen Augen gesehen, wie sie sich wortwörtlich in Luft auflösten – ohne sichtbare Hilfsmittel, ohne irgendein Geräusch, das den Prozess begleitete. Einfach weg, als hätte man eine unsichtbare Tür geöffnet, durch die sie verschwanden.

Besonders faszinierte mich die Frage, ob sie dabei ein technisches Gerät benutzten. Etwas Kleines vielleicht, das an ihrem Körper verborgen war? Oder beruhte dieser Vorgang gar auf purer Geisteskraft?

Zugegeben, dieser Gedanke erscheint im ersten Moment absurd, fast kindlich-naiv. Doch warum müsste man das eigentlich ausschließen? Nur weil uns solche Fähigkeiten fremd erscheinen, heißt das noch lange nicht, dass sie unmöglich sind. Die Menschheit neigt dazu, alles Unbekannte durch die eigene technologische Brille zu betrachten. Vielleicht liegt genau darin ein Denkfehler.

Heut zu Tage bin ich zu dem Schluss gekommen, dass man diese Möglichkeit keineswegs kategorisch ausschließen sollte. Wenn wir versuchen, das Ganze nüchtern zu betrachten, ergibt sich ein verblüffendes Bild: Eine offenkundig fortgeschrittene Zivilisation, die

Türen und Wände einfach ignoriert. Diese Wesen können sich Zutritt verschaffen, wann und wo immer sie wollen – lautlos und ohne Spuren zu hinterlassen.

Was dabei besonders auffällt: Nie bemerkte ich in all den vergangenen Erlebnissen irgendeine Art technisches Gerät, das sie in den Händen hielten oder am Körper trugen. Keine Apparaturen, keine leuchtenden Displays, keine sichtbaren Werkzeuge.

Unwillkürlich drängt sich der Vergleich zu Science-Fiction-Serien wie „Star Trek" auf, in denen die Akteure beispielsweise sogenannte Tricorder nutzen, um Messungen durchzuführen oder Informationen abzurufen. Diese Serien spiegeln jedoch klar eine menschliche Sichtweise wider, geprägt von unserer Vorstellung, dass jede außergewöhnliche Fähigkeit ein technologisches Hilfsmittel erfordert.

Die Greys passen nicht in dieses Schema. Ihre Erscheinung allein hebt sie schon von uns ab. Ihre kleinen, schlanken Körper mit den langen, dünnen Armen und Beinen scheinen perfekt an eine völlig andere Art von Leben angepasst zu sein. Die Köpfe hingegen sind überproportional groß – deutlich größer als bei uns Menschen. Beim Menschen führte die zunehmende Nutzung von Werkzeugen und der soziale Austausch dazu, dass unser Gehirnvolumen im Laufe der Jahrtausende stetig zunahm. Gleichzeitig wurde körperliche Stärke im Überlebenskampf weniger bedeutend.

Ich bin kein Evolutionsbiologe, doch ihre Fähigkeiten legen nahe, dass ihre Entwicklung weit über das hinausgeht, was wir uns vorstellen können. Wenn wir die Evolution des Menschen betrachten, stellen wir fest, dass nicht nur der Körper, sondern auch das Gehirn einem ständigen Wandel unterliegt. Warum sollte das bei diesen Wesen anders sein?

In der Natur gibt es bereits faszinierende Beispiele für mentale Entwicklung. Delfine kommunizieren durch komplexe Laute und verfügen über ein bemerkenswertes Gedächtnis. Rabenvögel zeigen Problemlösungsstrategien, die uns Menschen staunen lassen. Wenn Tiere bereits solche kognitiven Fähigkeiten entwickelt haben, warum sollte eine Zivilisation wie die der Greys nicht eventuell auf geistige Kräfte spezialisiert sein?

Vielleicht sind ihre Fähigkeiten zur Interaktion mit Materie – das scheinbare Durchqueren von Wänden und ihre Fähigkeit, sich im Raum aufzulösen – keine Science-Fiction, sondern eine natürliche Fortsetzung dessen, was auch unser Verstand eines Tages erreichen könnte.

Gedanken als Werkzeug? Wer sagt, dass das reine Fantasie ist? Bereits heute können wir mit der Kraft des Geistes körperliche Prozesse beeinflussen – von der bewussten Entspannung einzelner Muskelgruppen bis hin zur Steuerung des Herzschlags in Extremsituationen. Was, wenn die Greys solche Fähigkeiten in einem Maße perfektioniert haben, das weit über unsere Vorstellungskraft hinausgeht?

Vielleicht benötigen sie für manche Aufgaben gar keine Technologie mehr. Ihr Geist selbst könnte das Werkzeug sein, mit dem sie sich durch Raum und Materie bewegen. Ich kann leider keine eindeutige Antwort darauf geben. Doch diese Betrachtung verdient Aufmerksamkeit wie ich finde.

Der Gedanke mag ungewöhnlich erscheinen, und wenn uns diese Begegnungen eines lehren, dann das: Unsere Annahmen über das, was möglich ist, sind offenbar nicht die letzte Wahrheit.

Freitag, 03. Februar 2006. Diesen Abend wollte ich vor dem TV ausklingen lassen. Gesellschaft leistete mir dabei meine Katze Kira, die sich jedoch nicht wirklich für das Fernsehprogramm interessierte.

Sie schlief friedlich zu meinen Füßen, und manchmal beobachtete ich sie für kurze Momente.

Vermutlich lief irgendein Film – ich erinnere mich nicht mehr genau. Was ich jedoch nicht vergessen habe, sind die folgenden Ereignisse.

Etwa gegen Mitternacht zuckten wir beide zusammen, als ein heftiges Geräusch in der Wohnung ertönte. Eine Mischung aus dumpfem Knall und Klopfen.

Gebannt blickten wir nach links, woher das Geräusch zu kommen schien. Dort stand eine weitere Couch – der Zweisitzer. Ein kalter Schauer überlief mich, und es fühlte sich an, als würden sich meine Nackenhaare aufstellen. Aus dem Augenwinkel sah ich Kira, die sich im Zeitlupentempo erhob, während sie weiterhin denselben Bereich fixierte wie ich. Direkt hinter dem Zweisitzer nahm ich eine gut sichtbare Silhouette wahr – humanoid, in Form und Größe einem Grey gleich. Das wahrhaft Erstaunliche jedoch war, dass diese Erscheinung nicht greifbar wirkte. Es war, als würde ich eine halbdurchsichtige „Projektion" betrachten.

Ein erneuter Schauer lief mir über den Rücken. Gebannt starrte ich auf die Gestalt und wartete, was wohl als Nächstes passieren würde.

Der Grey setzte sich in Bewegung. Langsam glitt er am Zweisitzer vorbei, änderte die Richtung und kam auf uns zu.

Kira wuchs förmlich zu ungeahnter Größe. Sie machte einen Buckel, und ihr Fell stellte sich am Rücken auf. Noch während der Grey sich in unsere Richtung bewegte, löste er sich einfach in Luft auf.

Er war nicht mehr zu sehen – doch ich hatte das seltsame Empfinden, dass er immer noch da war.

Ich wollte etwas versuchen. Ohne lange nachzudenken streckte ich meine linke Hand aus und zeigte mit dem Zeigefinger auf die Stelle, wo der Grey wohl sein könnte.

Meine Hand blieb ruhig in der Luft. Plötzlich spürte ich an der Fingerkuppe einen Druck. Verblüfft wurden meine Augen noch größer, als dem Druck ein heftiges Kribbeln folgte.

Ich ließ die Hand sinken und nickte leicht.

Kira saß inzwischen wieder ruhig da und beobachtete den Raum aufmerksam. Nachdem ich sie streichelte, kam sie näher und legte sich schließlich wieder hin.

Die Rückkehr zur vermeintlichen Normalität gestaltet sich nach Erlebnissen wie diesem mitunter als Herausforderung. Wie soll man sich mit Kollegen über die neusten Büropolitik-Trends unterhalten, wenn einem noch das leuchtende Bild einer humanoiden Gestalt in den Gedanken schwebt?

Ich erinnere mich an Tage, an denen ich in Meetings saß und vorgeben musste, mich auf Projektpläne zu konzentrieren. Innerlich jedoch spulte mein Verstand die Bilder der kürzlichen Begegnungen ab. Ich hörte meinen Vorgesetzten reden, seine Worte blieben aber nicht in meinem Kopf. Meine Sinne waren stattdessen auf die kleinsten Veränderungen in der Umgebung fokussiert – der Luftzug, der durch das geöffnete Fenster kam, das leise Surren der Klimaanlage, das sonst nie störte, die Fliege die einen Meter weiter von Tasse zu Tasse flog.

Es schien, als hätte mein Gehirn durch die Erlebnisse ein feineres Wahrnehmungsnetz geknüpft. Plötzlich fielen mir Dinge auf, die ich vorher ausgeblendet hatte. Ich spürte die Blicke anderer intensiver, bemerkte winzige Veränderungen in der Mimik. Selbst in der Natur war es, als würden Blätter im Wind ihre Geschichten erzählen, wenn man nur genau hinhörte.

Der Wechsel zwischen diesen beiden Welten – der nüchternen Alltagsrealität und den Hollywoodreifen Begegnungen – war alles andere als nahtlos. Ich musste bewusst zwischen diesen Ebenen schalten, manchmal ohne Erfolg.

Ein Beispiel? Ich erinnere mich an einen frühen Morgen auf dem Weg ins Büro. Die Straßen waren wie leergefegt, der Nebel hing dicht über den Feldern. Plötzlich nahm ich eine Bewegung aus dem Augenwinkel wahr. Es war nichts Bedrohliches, vielleicht nur ein Schatten, der vom Nebel verzerrt wurde. Und doch reagierte mein Körper sofort – meine Sinne waren im Modus „Alarmbereitschaft". Der Puls stieg, und mein Auto verlangsamte sich. Rational wusste ich natürlich, dass dort nichts war. Vielleicht ein Reh. Aber mein Geist spielte anscheinend in einer anderen Liga.

Am Arbeitsplatz angekommen, musste ich mich regelrecht dazu zwingen, das Gesehene abzuschütteln und in den Arbeitsmodus zu wechseln. Was manchmal sehr schwer fiel.

Der Alltag verlangte klare, strukturierte Gedanken – nicht spekulative Überlegungen über Schatten im Nebel.

Diese ständige Gratwanderung hatte jedoch nicht nur Nachteile. Tatsächlich entwickelte ich mit der Zeit eine fast intuitive Wahrnehmung für Situationen und Menschen. Ich konnte besser „lesen", wann jemand aufgeregt oder verärgert war, selbst wenn er es zu verbergen versuchte. Meine Entscheidungen im Arbeitskontext fällte ich nun öfter instinktiv – und lag erstaunlich häufig richtig.

Vielleicht ist das die größte Herausforderung und zugleich das größte Geschenk solcher Erfahrungen: Man verliert das Vertrauen in die alte Vorstellung von Normalität, gewinnt aber eine tiefere Verbindung zur Welt und ihren unsichtbaren Facetten.

Die eigentliche Kunst besteht wohl darin, beide Welten irgendwie miteinander zu versöhnen. Es ist ein ständiges Training, die Balance zwischen rationalem Verstand und geschärfter Intuition zu halten. Und manchmal – an Tagen, an denen die Welt wieder grau und monoton erscheint – erinnere ich mich an diese Begegnungen und denke: Vielleicht sind unsere Sinne dazu da, durchaus mehr wahrzunehmen, als wir bisher angenommen haben.

Ich befand mich längst in einem Transformationsprozess. Innerlich. Wie ich bereits beschrieben habe, beginnen solche Ereignisse sich mannigfaltig auszuwirken. Es schärft die Sinne und verändert die Wahrnehmung auf eine subtile und doch zugleich fundamentale Art. Dies scheint mir ein Prozess zu sein, den man weder bewusst steuert noch restlos beeinflusst.

Ich vermute, dass Verstand, Bewusstsein und Unterbewusstsein auf eine seltsame Weise versuchen, sich anzupassen – automatisiert, wie ein inneres Betriebssystem, das auf plötzliche Veränderungen im Umfeld reagiert. Was in meinen Augen durchaus logisch klingt. Schließlich ist es eine überlebenswichtige Fähigkeit des menschlichen Geistes, mit Ungewissheit und Bedrohung umzugehen, indem er versucht, Ordnung ins Chaos zu bringen.

Aus heutiger Sicht empfinde ich diese Veränderungen als bereichernd. Früher, zu Beginn meiner Erlebnisse, hätte ich die Auswirkungen unmöglich vorhersehen können. Wie auch, mangels Vergleichsmöglichkeiten.

Es ist verblüffend, wie sehr sich der Geist an das Ungewöhnliche gewöhnt. Was zunächst schockierend und vollkommen surreal erscheint, wird mit der Zeit Teil der eigenen Erfahrungswelt. Zeitlebens hatte ich geglaubt, dass die Realität in klaren Bahnen verläuft – streng getrennt in das, was möglich ist und das, was nicht sein kann. Doch das Leben, wie ich es seit einiger Zeit erlebe, hat diese Vorstellung quasi ins absurde verzogen.

Ich erinnere mich noch gut an eine Zeit, in der ich morgens zur Arbeit fuhr, während mir die Bilder einer unbegreiflichen Begegnung aus der Nacht davor noch durch den Kopf schwirrten. Wie geht man mit so etwas um? Die Kaffeetasse in der Hand, das Lächeln im Büro – und im Hintergrund der Versuch, zu verstehen, was zur Hölle gerade mit einem passiert.

Das Herausfordernde an diesem Transformationsprozess ist nicht nur das Verarbeiten des Ungewöhnlichen, sondern das Jonglieren zwischen zwei Wirklichkeiten: der normalen Alltagswelt und einer Dimension, die sich jeglicher Logik zu entziehen scheint. Wie schon erwähnt.

Es ist eben ein Spagat, der eine immense innere Flexibilität erfordert. In der einen Minute beantwortet man E-Mails, plant den nächsten Urlaub oder diskutiert Alltagsprobleme. In der nächsten Minute reflektiert man über Begegnungen mit Wesen, die sich in Luft auflösen können. Abstrus.

Es ist fast, als müsste man geistige Schubladen anlegen: Hier der Alltag, dort das Unfassbare.

Der Verstand ist ein erstaunliches Instrument. Er findet Wege, selbst das Unglaubliche in Muster zu integrieren, solange man ihm die Zeit dazu gibt. Das kann ich aus eigener Erfahrung sagen. Vielleicht liegt genau darin die wahre Stärke des Menschen: Nicht darin, dass wir alles sofort begreifen, sondern dass wir lernen können, auch mit dem Unverstandenen zu leben.

Heute betrachte ich diese Veränderungen als eine Art Geschenk. Mein Blick auf die Welt hat sich erweitert, meine Fähigkeit, Dinge anders zu betrachten, ist gewachsen. Und während ich früher vielleicht noch ungläubig den Kopf geschüttelt hätte, sehe ich heute das Wunderbare im Unbegreiflichen.

Vielleicht ist genau das die größte Lektion, die ich aus all dem gezogen habe: Die Fähigkeit, mit offenen Augen und einem offenen Geist durch das Leben zu gehen.

Begeben wir uns in die Zeit zwischen dem 9. und dem 16. Februar 2006.

Halten wir uns noch einmal das letzte Erlebnis vor Augen: das Erscheinen eines Grey in einer „projektionsartigen" Form – nicht wirklich physisch da, aber doch auf eine seltsame Art präsent. Diese Praxis sollte mir fortan noch häufiger begegnen.

Im besagten Zeitraum häuften sich ihre Besuche in dieser Form. In der Regel kündigten sie sich, wie gewohnt, durch Dachbodengeräusche oder Klopfen an. Einmal saß ich abends auf der Couch im Wohnzimmer und las, als ich plötzlich wieder die Silhouette eines Grey wahrnahm.

Es wirkte schon fast vertraut. Ich wusste, dass ich mit meiner Hand durch ihn hindurchgreifen würde, wenn ich es versuchte. Trotz dieser abstrakten Erscheinung war seine Präsenz real und intensiv.

Ich legte mein Buch zur Seite und fokussierte mich auf das Wesen. Ich wollte ihm meine volle Aufmerksamkeit widmen. Der Raum um mich herum begann sich zu verändern – er wurde deutlich dunkler, und ich bekam eine Art Tunnelblick. Nur ein winziger Bereich des Raums blieb für mich klar sichtbar.

Mein Instinkt sagte mir, dass ein Blackout unmittelbar bevorstand. Von Ihnen initiiert. Dann geschah etwas Unerwartetes: Eine klare innere Stimme forderte mich auf, mich zu wehren.

Huch? Ich war unglaublich überrascht. Wehr dich? Wie sollte das gehen?

Ich versuchte es einfach, indem ich mich krampfhaft gegen diese Einflussnahme stemmte und versuchte, das Bewusstsein nicht zu verlieren. Doch es war zwecklos. Ich gab recht schnell einfach auf. Die Dunkelheit wich, und ich fand mich in einem normalisierten Sichtfeld wieder. War das ein Test? Sollte ich lernen, meinen Geist zu verteidigen?

In den folgenden Tagen wiederholte sich dieses Erlebnis gut zehnmal. Immer lief es nach demselben Schema ab: Ein Grey erschien, die Dunkelheit setzte ein, der Tunnelblick folgte, und der unausweichliche Blackout stand kurz bevor.

Jedes Mal ertönte diese innere Aufforderung: Wehr dich!

Meine ersten Versuche waren kläglich. Ich fühlte mich wie ein Schüler, der nicht einmal wusste, welchen Stoff er lernen sollte.

Doch mit jedem Test wuchs mein Wille, diesen „Angriff" abzuwehren.

Eines Abends beschloss ich, eine neue Strategie zu versuchen. Ich recherchierte intensiver zu Techniken der Konzentration und Visualisierung, über die ich zum Thema Meditation irgendwann einmal gelesen hatte.

Nur einen weiteren Tag später, als es wieder Zeit für meinen „Unterricht" war und der Grey erschien, legte sich die gewohnte Dunkelheit wieder über den Raum. Mein Sichtfeld schrumpfte, und genau jetzt stellte ich mir vor meinem inneren Auge einen Apfel vor.

Ich konzentrierte mich auf die kleinsten Details: die Farbe, die sanfte Drehung des Apfels, das kleine Blatt am Stiel. Ich stellte mir vor, wie der Apfel roch und wie das Licht auf seine glänzenden Tautropfen fiel.

Mein Geist klammerte sich an dieses Bild, während die Dunkelheit um mich herum weiter und unnachgiebig pulsierte. Plötzlich spürte ich, wie die Einflussnahme schwächer wurde – und dann ganz verschwand. Ich hätte es vor lauter Konzentration fast nicht sofort bemerkt. Hatte ich es wahrhaftig geschafft, mich aus der geistigen Umklammerung des Grey zu lösen? Aus eigener Kraft? Unglaublich!

Der Grey, der noch kurz zu sehen war, nickte mir leicht zu und verschwand ebenfalls.

Ich hatte das Gefühl, diesen Test bestanden zu haben. Doch das größte Rätsel blieb: Warum sollten die Greys eine Motivation haben, mich so etwas zu lehren?

Würden sie sich damit nicht selbst schaden, wenn ich dadurch in der Lage wäre, mich ihrer Kontrolle zu entziehen? Sie zu durchbrechen?

Vielleicht gibt es eine andere Perspektive: Womöglich dienten diese Tests nicht nur meinem, sondern auch ihrem Verständnis.

Wenn sie die Natur des menschlichen Geistes erforschen wollten, könnte es ihnen darum gehen, herauszufinden, wie flexibel und widerstandsfähig unser Bewusstsein ist.

Oder sie bereiteten mich auf zukünftige Erlebnisse vor, bei denen ich tatsächlich die Kontrolle über meinen Geist benötigen würde. Vielleicht war dies eine Art „Trainingslager" für das, was noch kommen sollte. Ich fand keine eindeutigen Antworten.

Der Gedanke, dass diese Wesen nicht nur meine Beobachter, sondern gleichzeitig auch meine Lehrmeister sein könnten, fühlte sich seltsam paradox an.

Und eine weitere Frage beschäftigte mich: Wenn es mir durch diese mentale Schulung möglich wäre, einen Blackout zu verhindern, könnte ich vielleicht auch die Paralyse durchbrechen.

Und wenn ich das tatsächlich könnte – was dann?

Diese These sollte ich schon sehr bald auf die Probe stellen können.

Würde ich einen entscheidenden Vorteil gegenüber diesen Wesen gewinnen? Oder würde ich ihre Arbeit mit mir nur erschweren und damit eine ungewollte Gegenreaktion hervorrufen?

Vielleicht lag genau darin ihre Absicht: zu sehen, ob ich auf geistiger Ebene stark genug war, um mit ihnen auf *Augenhöhe* zu interagieren.

Diese Lektionen waren möglicherweise erst der Anfang eines neuen Kapitels in meinen Begegnungen mit den Greys.

Samstag, 18. Februar 2006. In dieser Nacht, beziehungsweise in den Morgenstunden, bekam ich abermals Besuch. Es spielte sich etwa gegen fünf Uhr ab. Vorausgegangen war dem Ganzen ein wieder sehr intensives Traumerlebnis, dessen Ende ich nicht mitbekam, da mich ein heftiger Ruck in die Realität wuchtete.

Ich hatte sofort das eindringliche Gefühl, nicht allein zu sein, und spürte ebenfalls diese starke Paralyse, die meinen ganzen Körper außer Gefecht gesetzt hatte.

Ich lag im Bett auf dem Rücken. Aus dem Augenwinkel nahm ich eine Silhouette unweit von mir wahr. Wie auf Kommando purzelte aus meiner Schublade im Kopf ein großes Fragezeichen: Welchen Herausforderungen sollte ich mich nun stellen?

Als hätte der Besucher meinen Gedanken förmlich aufgeschnappt, ertönte im ganzen Raum ein lautes, zischendes Geräusch. Gänsehaut breitete sich rasend schnell auf meinem Körper aus. Es fühlte sich so an, als ob der Würgegriff der Unbeweglichkeit noch einmal stärker wurde.

Mein Atem stockte, und der Druck der Paralyse machte jeden Befreiungsversuch unmöglich. Furcht wollte aufkommen, doch ich erinnerte mich an meinen vorherigen Erfolg – der Apfel.

Einer inneren Intuition folgend, rief ich mir dieses Bild vor Augen. Ich stellte mir den Apfel vor, wie er sich langsam drehte, glänzend und makellos. Ich visualisierte das kleine Blatt am Stiel und die winzigen Tautropfen, die im Licht glitzerten. Der Apfel wurde zum einzigen Fokus meiner Gedanken.

Nach und nach blendete ich alles andere aus: den Druck auf meinen Körper, das beunruhigende Geräusch, selbst die Silhouette in der Dämmerung.

Dann geschah es – ich spürte ein erstes leichtes ziehen im linken Bein. Wie ein kleiner Funke, der den Stromkreis wieder schließt. Ich konzentrierte mich stärker und konnte das Bein langsam ausstrecken. Dasselbe tat ich mit meinem linken Arm, der ebenfalls reagierte.

Das Gefühl der Kontrolle kehrte Stück für Stück zurück, bis die Paralyse vollständig wich.

Sowie das geschehen war, verabschiedete sich mein Besucher auf die übliche mysteriöse Art und Weise. Doch dieses Mal war etwas anders: Ich hatte die Kontrolle zurückerlangt – ein Meilenstein.

Diese neue Fähigkeit hatte für mich eine immens große und wichtige Bedeutung. Schließlich war die Paralyse einer der größten Auslöser meiner Ängste. Es ist eine Sache, sich in einer unfassbar surrealen Situation zu befinden – wenn man gleichzeitig vollkommen bewegungsunfähig ist. Das Gefühl, dem eigenen Körper beraubt zu sein, hat etwas zutiefst Verstörendes.
Doch es ist eine ganz andere Sache, zu wissen, dass es einen Weg hinaus gibt. Diese Erkenntnis veränderte so einiges.

Ich hatte, wie bereits erwähnt, Kontakt zu anderen Betroffenen. Und so wusste ich, dass die Paralyse ein wiederkehrendes Phänomen war – augenscheinlich ein bewusst eingesetztes Kontrollmittel dieser gespenstischen Besucher.
Hatte ich nun etwa eine Möglichkeit gefunden, dieser Sicherungsmaßnahme zu entkommen?
Der Gedanke war berauschend, aber zugleich beunruhigend. Was, wenn diese neue Fähigkeit nicht nur meine Freiheit bedeutete, sondern auch unerwünschte Konsequenzen mit sich bringen könnte?
Warum sollte man mir beibringen, mich gegen ihre Kontrolle zu wehren?

Es ergab keinen offensichtlichen Sinn, und genau das machte mich skeptisch. Es wäre doch höchst ineffizient, wenn ein Entführer seinem „Patienten" zeigt, wie man sich aus der Knechtschaft befreit.

Wollten sie meine geistige Widerstandsfähigkeit testen? Ein weiteres Experiment, um die Flexibilität des menschlichen Geistes zu erforschen?

Eine andere Überlegung drängte sich auf: Vielleicht waren die Greys an einer Form von Kooperation interessiert. Wenn sie mir die Fähigkeit gaben, mich zu wehren, könnte dies bedeuten, dass ich für zukünftige Interaktionen auf eine aktivere Rolle vorbereitet werden sollte. Eine Rolle, bei der ich bewusst Entscheidungen treffe und nicht nur ein passiver Beobachter bin.

Oder diente dieses Training lediglich ihrem Verständnis? Waren sie einfach neugierig darauf, wie weit sie gehen konnten, bevor ich ihre Kontrolle durchbrechen würde?

Wieder dachte ich angestrengt über all das nach. Diese Fragen blieben vorerst offen und beschäftigten mich. Ich kam jedoch zu dem Schluss, dass diese Wesen sicher noch über weitere Möglichkeiten verfügten, um ihre „Patienten" ruhigzustellen, wenn es denn sein müsste.

Sollte ich mich also auf diese Fähigkeit verlassen oder nur davon ausgehen, dass ich gerade eine Lektion erhalten hatte – ohne zu wissen, warum?

In dieser Zeit habe ich mehr denn je realisiert, dass es Situationen gibt, in denen ein klarer Geist und die Fähigkeit, den eigenen Fokus zu steuern, überaus hilfreich sein können – ja, manchmal sogar entscheidend. Besonders im Zusammenhang mit meinen Erlebnissen wurde mir das mehr als bewusst.

Ich bin kein Arzt oder Therapeut, aber ich habe für mich Methoden entdeckt, die mir geholfen haben, innere Ruhe und Kontrolle zurückzugewinnen, wenn es darauf ankam. Vielleicht können meine Erfahrungen ja auch anderen einen Denkanstoß geben.

Ein ruhiger Anfang

Zuerst musste ich herausfinden, wie wichtig es ist, überhaupt einen Raum für Konzentration zu schaffen. Und das meine ich im wörtlichen wie im übertragenen Sinn. Eine ruhige Umgebung hilft ungemein. Für mich ist das in der Regel das Wohnzimmer, wo ich mich bequem auf die Couch setze, manchmal einfach mit aufrechtem Rücken und den Händen auf den Oberschenkeln.

Die Augen schließen, tief durch die Nase einatmen und bewusst den eigenen Atem spüren – das ist oft mein Startpunkt. Anfangs war ich erstaunt, wie schwer es sein kann, nur diesen einen simplen Vorgang zu beobachten, ohne dass meine Gedanken in alle Richtungen springen.

Der Apfel – ein überraschender Helfer

Manchmal braucht es mehr als nur den Atem. Bei einem meiner Tests mit den Greys kam ich intuitiv auf die Idee, mir einen Apfel vorzustellen. Klingt vielleicht seltsam, aber das Bild war so klar und präsent in meinem Kopf, dass es mir half, alles andere auszublenden.

Ich stellte mir vor, wie der Apfel sich langsam drehte, wie Licht auf seiner Schale glänzte. Ich konnte fast den frischen Duft wahrnehmen. Das faszinierende war: Je detaillierter ich mir den Apfel vorstellte, desto mehr gelang es mir das übliche Gedankenkarussell in den Hintergrund zu drängen.

Seitdem habe ich diese Technik öfter genutzt. Ich stelle mir verschiedene Dinge vor, aber immer solche, die klare Details bieten. Ein einzelnes Blatt, das sich im Wind bewegt. Tautropfen auf einem Grashalm. Was auch immer die eigene Vorstellungskraft gut und leicht visualisieren kann.

Diese Bilder lenken meinen Geist in eine Richtung, die ich bewusst steuere – und das ist manchmal schon die halbe Miete, wenn man in einer stressigen oder beängstigenden Situation ist.

Körperliche Wahrnehmung als Anker

Ich habe auch festgestellt, dass es helfen kann, sich gezielt auf körperliche Empfindungen zu konzentrieren. Ich lege manchmal einfach meine Hand auf die Armlehne und spüre bewusst die Berührung. Wie fühlt sich die Oberfläche an? Warm? Kühl?

Dieses bewusste Fokussieren auf etwas Greifbares im Hier und Jetzt scheint dem Geist eine Art Anker zu geben, wenn er droht, abzudriften.

Natürlich funktioniert nicht immer alles gleich gut. Manchmal schaffe ich es kaum, meinen Geist zu beruhigen. Aber ich habe gelernt, dass auch das kein Problem ist. Es geht nicht darum, perfekt zu sein, sondern darum, es überhaupt zu versuchen.

Wie gesagt, ich bin kein Experte in solchen Dingen und hatte vor meinen Erlebnissen auch kein besonderes Faible dafür. Ich kann und will niemandem Anleitungen geben, was er oder sie tun soll. Das hier sind einfach meine persönlichen Erfahrungen, und ich teile sie gern, weil sie mir geholfen haben.

Vielleicht finden andere Betroffene oder auch Menschen in schwierigen Situationen ihren eigenen Weg, indem sie ausprobieren, was für sie funktioniert.

Das Wichtigste ist, glaube ich, dass wir erkennen, wie stark unser Geist tatsächlich sein kann. Manchmal reicht schon ein Apfel – zumindest für mich.

8. Die große Frage nach dem „Warum"

Diese eine große Frage ist wohl diejenige, die ich in all den Unterhaltungen hinweg am häufigsten gehört habe. Und ja, natürlich fragt man nach dem „Warum".

Das Nachdenken darüber führt nur leider Gottes zu noch weit mehr Fragen als Antworten – egal, wie man es dreht. Doch das muss nichts Negatives sein. Mit der Zeit scheinen sich durchaus Muster abgezeichnet zu haben, oder man glaubt zumindest, einen möglichen Sinn in dem zu erkennen, was diese Wesen tun. Doch den einen großen Masterplan wird man wahrscheinlich nie mit Sicherheit durchschauen.

Die Grey, die mein Leben auf den Kopf stellten, haben sich dahingehend leider nie eindeutig geäußert. Dennoch bin ich absolut davon überzeugt, dass es wichtig und richtig ist, sich mit der Natur der Ereignisse und der Frage nach dem „Warum" zu befassen.

Lassen Sie uns gemeinsam darüber nachdenken.

Die Berichte von Begegnungen mit dem Außergewöhnlichen folgen nicht selten bestimmten Mustern. Man muss sie nur erkennen. Dabei ist es nicht nur die schiere Wiederholung einzelner Elemente, sondern oft auch die Art, wie sich diese Ereignisse in das Leben der Betroffenen einfügen, die Fragen aufwirft. Wer sich intensiver mit der Thematik beschäftigt, stößt immer wieder auf Gesetzmäßigkeiten, die sich quer durch die Erzählungen zahlreicher Menschen ziehen – als gäbe es eine verborgene Struktur hinter diesen Erlebnissen.

Eine der auffälligsten Beobachtungen ist, dass diese Erlebnisse selten isolierte Einzelfälle sind. Sie treten oft in Phasen oder Zyklen auf. Viele Betroffene berichten von intensiven Perioden, in denen die Frequenz der Ereignisse stark ansteigt, gefolgt von Phasen relativer Ruhe. Diese Muster können sich über Wochen, Monate, Jahre oder Jahrzehnte erstrecken.

Es scheint fast so, als ob diese Wesen einem bestimmten Ablauf folgen, als ob sie bewusst mit gezielten Intervallen arbeiten. Vielleicht dienen diese Zyklen dazu, bestimmte Reaktionen bei den Betroffenen hervorzurufen oder sie an etwas heranzuführen. Ebenso könnte es sein, dass diese Wesen eine Art übergeordnete Agenda verfolgen – ein Plan, der sich erst über längere Zeiträume hinweg offenbart.

Interessanterweise lassen sich vergleichbare Zyklen auch in anderen Phänomenen finden: Paranormale Aktivität in Spukhäusern tritt oft in Wellen auf, ebenso wie viele UFO/UAP-Sichtungen in Clustern auftreten. Gibt es hier eine universelle Gesetzmäßigkeit, die wir noch nicht verstehen? Sind diese Ereignisse an kosmische Rhythmen oder sogar individuelle biologische oder geistige Zustände der Betroffenen gekoppelt?

Ein weiteres bemerkenswertes Muster ist die Art, wie sich die Erlebnisse oft auf sehr persönliche Weise in das Leben des Betroffenen einfügen. Sie scheinen nie zufällig zu sein, sondern stets eine tiefere Bedeutung oder Relevanz zu haben. Viele berichten davon, dass sich ihre Begegnungen oft dann häufen, wenn sie sich in persönlichen Krisen oder Umbruchphasen befinden.

Das wirft eine tiefgreifende Frage auf: Sind diese Wesen reine Beobachter oder nehmen sie aktiv Einfluss auf unsere Entwicklung? Sind die Grey gar schon Bestandteil unseres Lebens noch bevor es uns überhaupt klar wird? Ist es gewollt, dass viele Menschen nach solchen Erlebnissen ein völlig neues Weltbild entwickeln? Dass sie sich nicht selten für Themen wie Bewusstsein, Spiritualität oder das Universum zu interessieren beginnen? Könnte es sein, dass diese

Begegnungen in gewisser Weise „auslösend" wirken, als würden sie einen tiefen inneren Wandlungsprozess anstoßen?

Manche berichten sogar, dass sie nach solchen Begegnungen plötzliche Talente oder intuitive Fähigkeiten entwickelten. Andere wiederum stellen fest, dass sie nach einer Phase intensiver Erlebnisse scheinbar „losgelassen" wurden – als hätten sie eine bestimmte Schwelle erreicht, nach der sie nicht mehr weiter beobachtet oder beeinflusst werden mussten.

Erlebnisse mit diesen Wesen hinterlassen nicht nur mentale, sondern auch körperliche Spuren. Betroffene berichten von anhaltenden Schlafproblemen, plötzlicher Erschöpfung oder unerklärlichen Schmerzen nach einer Begegnung. Interessanterweise treten diese Symptome oft parallel zu den zyklischen Mustern der Begegnungen auf – ein weiteres Indiz dafür, dass diese Erlebnisse keine reinen Halluzinationen oder psychologischen Phänomene sind, sondern tatsächlich etwas Reales bewirken.

Noch auffälliger ist die emotionale Nachwirkung solcher Begegnungen. Während einige Menschen nach einer ersten Schockphase eine gewisse Akzeptanz oder sogar Faszination entwickeln, erleben andere anhaltende Angstzustände oder das Gefühl, „anders" geworden zu sein. Manche berichten, dass ihre Emotionen nach einer Begegnung eine Art Überempfindlichkeit aufweisen – sie reagieren stärker auf zwischenmenschliche Beziehungen, auf Natur, auf Musik oder Kunst. Fast so, als ob etwas in ihnen „erweitert" wurde.

Hier stellt sich eine entscheidende Frage: Ist dieser Effekt ein unbeabsichtigtes Nebenprodukt der Begegnungen oder ein gezielt herbeigeführter Zustand? Wird unser Bewusstsein auf eine Weise verändert, die uns empfänglicher für bestimmte Erfahrungen macht? Wenn ja – warum?

Ein weiteres faszinierendes Muster, das in vielen Berichten auftaucht, ist die Art und Weise, wie diese Wesen mit Bewusstsein und Wahrnehmung zu interagieren scheinen. Viele Betroffene berichten, dass sie während einer Begegnung nicht nur eine physische Präsenz wahrnehmen, sondern auch mentale Eindrücke, telepathische Kommunikation oder ein verändertes Zeitempfinden erleben.

Gibt es hier einen Zusammenhang zwischen der Art, wie wir Realität wahrnehmen, und der Fähigkeit dieser Wesen, mit uns in Kontakt zu treten? Könnten sie auf einer Ebene operieren, die sich außerhalb unserer normalen Wahrnehmung befindet – und nur in besonderen Bewusstseinszuständen für uns zugänglich ist?

Einige Experimente in der modernen Neurowissenschaft haben gezeigt, dass unser Gehirn in bestimmten Zuständen – etwa zwischen Schlaf und Wachsein – besonders empfänglich für ungewöhnliche Wahrnehmungen ist. Trifft das auch auf Begegnungen mit diesen Wesen zu? Könnten sie sich gezielt diesen Bewusstseinszustand zunutze machen, um in unsere Realität einzudringen? Die Liste an Fragen ließe sich wohl beliebig erweitern.

Letztendlich führt all das zu der Frage, ob es eine tiefere Absicht hinter diesen Begegnungen gibt. Handelt es sich um reine Beobachtung, oder ist es eine Form der gezielten Einflussnahme? Werden Menschen vielleicht absichtlich auf eine bestimmte Weise verändert – und wenn ja, zu welchem Zweck?

Wenn wir die menschliche Forschung als Vergleich heranziehen, wäre es nicht untypisch, ein Experiment über lange Zeiträume hinweg durchzuführen, um Veränderungen, Anpassungen oder spezifische Entwicklungen zu beobachten. Falls wir in einem solchen Szenario die „Untersuchungsobjekte" sind, stellt sich die Frage: Was genau wird hier erforscht?

Möglicherweise geht es nicht nur um unseren physischen Körper, sondern um etwas weit Grundlegenderes – unser Bewusstsein, unsere Wahrnehmung, vielleicht sogar unsere Fähigkeit, mit etwas zu interagieren, das wir nicht verstehen. Sind wir für sie ein biologisches Phänomen, das studiert werden muss, oder geht es um eine tiefere Wechselwirkung zwischen uns und ihnen?

Der Gedanke ist naheliegend, wenn man bedenkt, dass viele Berichte von Entführungen auf eine gewisse Systematik hindeuten. Immer wieder beschreiben Betroffene medizinisch anmutende Untersuchungen, das Erleben von Tests und eine Art manipulativer Einflussnahme, die ihnen keine Wahl lässt.
Aber ist ein Experiment im wissenschaftlichen Sinne überhaupt das richtige Bild, oder ist es vielmehr eine Art Anpassungsprozess, bei dem es weniger darum geht, uns zu „benutzen", als vielmehr darum, uns langsam an eine andere Realität heranzuführen.

Vielleicht ist dies ja genau der Punkt. Vielleicht geht es nicht um Kontrolle oder Forschung, sondern um eine schrittweise Erweiterung unseres Bewusstseins. Wären sie an einfachen biologischen Experimenten interessiert, könnten sie sich mit deutlich weniger Aufwand die nötigen Erkenntnisse beschaffen. Doch wenn es stattdessen darum geht, unser Verständnis der Realität zu verändern, dann ergibt ein schrittweiser Prozess durchaus Sinn.
Es gibt Theorien, die besagen, dass der menschliche Geist nicht auf eine plötzliche Konfrontation mit einer völlig neuen Realität ausgelegt ist. Ein allmähliches Gewöhnen an etwas, das unsere bisherigen Annahmen infrage stellt, könnte notwendig sein, um psychologische und existenzielle Brüche zu vermeiden.
Falls das zutrifft, dann sind diese Begegnungen keine zufälligen Ereignisse, sondern Teil eines orchestrierten Prozesses, der weit über

das hinausgeht, was wir bisher für möglich gehalten haben. Doch wenn dem so ist – worauf genau werden wir vorbereitet?

Das Erkennen von Mustern in diesen Begegnungen ist ein erster Schritt, um zu verstehen, womit wir es hier wirklich zu tun haben könnten. Doch jedes Muster wirft abermals neue Fragen auf. Was auch immer hinter diesen Phänomenen steckt – es folgt einer Ordnung, einer Struktur, die wir bisher nur in Fragmenten erahnen können. Vielleicht ist es genau diese Suche nach Antworten, die uns letztlich auf eine ganz neue Spur führt. Wer sich einmal auf diese Reise begibt, der wird nie wieder mit den gleichen Augen auf die Welt blicken.

Egal, wie oft ich darüber nachdenke, am Ende bleibt ein Kreis aus Möglichkeiten und Wahrscheinlichkeiten, aber keine Gewissheit. Dennoch lohnt es sich, eine rationale Liste zu erstellen und die wahrscheinlichsten Motive zu betrachten, ohne dabei in reine Spekulation abzudriften.

Versuchen wir also die Frage nach dem „Warum" einmal durch die Brille der Analytik und Logik zu betrachten. Nehmen wir hierzu einen anderen Blickwinkel ein.

1. Wissenschaftliche Studien an Menschen

Eine der naheliegendsten Theorien besagt, dass diese Wesen eine Art wissenschaftliches Interesse an uns haben. Der Mensch als biologisches Objekt könnte für sie von Interesse sein – sei es, um evolutionäre Entwicklungen zu studieren, genetische Informationen zu sammeln oder physiologische Reaktionen auf bestimmte Einflüsse zu analysieren.

Vielleicht sind wir Teil eines groß angelegten Langzeitexperiments, das Generationen überdauert und tiefer reicht, als wir es erfassen können. Die Frage bleibt: Zu welchem Zweck? Ist es reines Interesse oder dient es einem höheren Ziel?

2. Hybridisierungsprogramm oder genetische Manipulation
Ein weiteres oft diskutiertes Szenario dreht sich um Genetik. Es gibt
Berichte von Betroffenen, die in ihren Erlebnissen Hinweise auf genetische Untersuchungen erhalten haben. Die Vorstellung, dass
eine fremde Spezies genetische Experimente durchführt, um sich
selbst zu erhalten oder gar eine neue Mischspezies zu erschaffen,
ist nicht neu.
Angenommen, die Greys sind eine uralte, sterbende Spezies, deren genetische Vielfalt im Laufe der Zeit geschwunden ist. Könnte
es sein, dass sie auf uns angewiesen sind, um ihre eigene Art am
Leben zu erhalten? Das würde erklären, warum sich einige Berichte
um Hybridwesen drehen. Aber warum würden sie so vorgehen?
Warum nicht offen mit uns kommunizieren?

3. Psychologische und Bewusstseinsforschung
Eine der faszinierendsten Möglichkeiten ist, dass es den Greys
nicht nur um unseren Körper, sondern um unser Bewusstsein geht.
Menschen sind einzigartige Wesen mit komplexen Gedanken-
strukturen, Emotionen und Wahrnehmungsfähigkeiten.
Gibt es etwas an unserer Psyche, das für sie von besonderem Wert
ist?
Könnten unsere Träume, Emotionen oder unbewussten Gedanken
Teil eines größeren Puzzles sein? Vielleicht haben sie eine Möglichkeit gefunden, unser Bewusstsein zu beeinflussen oder gar zu nutzen.

4. Vorbereitung auf eine Kontaktaufnahme
Eine optimistischere Hypothese wäre, dass diese Wesen eine
schrittweise Annäherung an die Menschheit planen. Vielleicht sind

Entführungen oder Begegnungen Teil eines Prozesses, um Einzelne auf einen späteren, breiteren Kontakt vorzubereiten.

Möglicherweise haben sie erkannt, dass plötzlicher, massenhafter Kontakt zu Angst und Chaos führen würde. Stattdessen arbeiten sie mit Einzelpersonen, um zu testen, wie wir auf sie reagieren.

Ist es ein psychologisches Screening? Ein Experiment, um herauszufinden, welche Menschen geeignet sind, mit ihnen in einen erweiterten Dialog zu treten?

5. Energetische oder spirituelle Aspekte

Eine weniger greifbare, aber dennoch nicht auszuschließende Theorie ist, dass es den Greys um eine Form von Energie geht, die wir noch nicht verstehen.

Vielleicht existieren Lebensformen, die sich nicht nur von physischer Nahrung ernähren, sondern auch von geistiger oder emotionaler Energie. Könnten unsere Emotionen, unsere Angst oder gar unsere Lebensenergie auf irgendeine Weise für sie von Nutzen sein?

Diese Vorstellung mag ungewohnt klingen, aber es gibt historische und kulturelle Hinweise darauf, dass das Konzept von "Lebensenergie" nicht nur in mystischen Traditionen existiert, sondern vielleicht auch eine wissenschaftliche Grundlage haben könnte, die wir noch nicht entschlüsselt haben.

All diese Theorien sind Ansätze, um eine Antwort auf die Frage nach dem "Warum" zu finden. Vielleicht greifen mehrere dieser Punkte ineinander. Vielleicht gibt es noch eine ganz andere Motivation, die wir uns nicht einmal vorstellen können.

Sicher ist: Diese Begegnungen folgen keiner Willkür. Sie scheinen durchdacht, zielgerichtet und nach einem Muster abzulaufen. Leider bleibt die Frage: Werden wir es jemals wirklich verstehen?

Wie Sie sehen, ist das Grübeln über diese fundamentale „Warum"-Frage ein Fischen im trüben Wasser, ein gedankliches Umhertasten in einer undurchsichtigen Tiefe, die mehr Fragen aufwirft, als sie Antworten liefert. Doch wenn man genauer hinsieht, erkennt man hier und da vereinzelte Lichtreflexe im Dunkel, kleine Stellen, an denen das Wasser etwas klarer erscheint. Diese Bruchstücke von Einsicht mögen nicht die vollständige Wahrheit offenbaren, doch sie deuten nachdrücklich darauf hin, dass sich hinter dem Schleier ein Muster verbirgt.

Leider verstehen es diese Wesen außergewöhnlich gut, die Betroffenen in Unkenntnis zurückzulassen. Fast wirkt es, als sei dies Teil ihrer Methodik, als wäre das Spiel mit unserer Ahnungslosigkeit eine bewusste Entscheidung. Mir persönlich ist kein einziger Betroffener bekannt, der jemals das Privileg hatte, in einen mutmaßlichen größeren Plan eingeweiht zu werden. Alles, was bleibt, sind Erfahrungen, Fragmente und Vermutungen – und die unaufhörliche Suche nach einem Puzzleteil, das womöglich niemals in unser Verständnis von Realität passen wird.
In weiteren Erlebnissen die ich hatte, sind möglicherweise Hinweise auf ein Hybridisierungsprogramm zu erkennen. Doch dazu später mehr.

Stelle ich mir die Warum-Frage, gibt es allerdings noch einen ganz persönlichen Aspekt, den ich betrachten kann. Nach all den Jahren, in denen ich mit den Grey zu tun hatte, gab es für mich fundamentale Veränderungen – nicht nur in meiner Wahrnehmung, sondern tief in meinem Wesen. Mein Charakter, meine Sichtweisen, ja sogar meine Überzeugungen haben sich gewandelt. Rückblickend empfinde ich diese Entwicklung als etwas zutiefst Positives. Doch wo nahm diese Wandlung ihren Ursprung?

Ein Erlebnis kommt mir in den Sinn, das sich leider nur bruchstückhaft in meiner Erinnerung gehalten hat. Ich weiß, dass ich physisch nicht mehr in meinem gewohnten Umfeld war. Doch wie ich dorthin gekommen bin, entzieht sich meiner Kenntnis. Ich wurde von einem dieser Wesen durch eine Umgebung geführt, die mir fremd war. Schließlich gelangten wir in einen Raum. Dort erkannte ich andere wie mich – Menschen. Männer und Frauen saßen in einer Art Stuhlreihe, den Blick auf eine Wand gerichtet, an der sich bewegte Bilder zeigten. Eine Szenerie, die entfernt an ein Klassenzimmer erinnerte.

Ich wurde aufgefordert, mich ebenfalls zu setzen. Die Atmosphäre war ruhig, nicht bedrohlich. Die Bilder, die dort gezeigt wurden, handelten von unserem Planeten. Von der Erde. Ich erinnere mich an Wälder, an Ozeane, an Tiere in freier Wildbahn. Szenen von Schönheit, aber auch von Zerstörung. Verschmutzte Flüsse, brennende Regenwälder, verendende Tiere. Ich versuchte zu verstehen, was mir da gezeigt wurde, doch genau in diesem Moment bricht meine bewusste Erinnerung ab. Ich nehme an, dies war nicht mein letzter Besuch in einem dieser speziellen Räume. Und vielleicht auch nicht der erste.

Seit dieser Zeit hat sich meine Beziehung zur Natur grundlegend verändert. Über viele Jahre hinweg. Dinge, die mir früher beiläufig erschienen, gewannen an Bedeutung. Ich spürte eine tiefere Verbundenheit mit Tieren, mit Pflanzen, mit dem gesamten Ökosystem unserer Welt. Ich begann, die Natur nicht mehr als selbstverständlich zu betrachten, sondern als etwas, das Schutz und Respekt verdient. Diese Veränderung geschah schleichend, aber nachhaltig – und sie fühlte sich vollkommen natürlich an. Ich empfand diese Erfahrung nie als Manipulation oder als eine Art

„Umerziehung". Es war kein erzwungenes Einpflanzen von Gedanken, kein aufgezwungener Wandel. Vielmehr war es eine Erkenntnis, die in mir reifte. Ein Same, der gesät wurde und von selbst aufging.

Hier liegt also die Vermutung nahe, dass sie ihre „Schützlinge" nicht nur beobachten oder untersuchen, sondern ihnen bestimmte Dinge vermitteln wollen. Die Frage ist: Warum? Welches Interesse sollten sie daran haben, uns ein tieferes Bewusstsein für unseren Planeten zu schenken? Und ebenso für andere Themen.

Die Antwort darauf bleibt spekulativ. Doch eines ist offensichtlich: Wenn wir die Grey als eine wohlwollende Spezies betrachten, dann ergibt es Sinn, dass sie uns zu einem bewussteren Umgang mit unserer Welt führen wollen. Vielleicht, weil sie wissen, dass wir auf einem gefährlichen Pfad wandeln. Vielleicht, weil sie unsere Zukunft nicht dem Zufall überlassen wollen.

Und wenn dem so ist, dann ist dies eine Botschaft, die man nicht ignorieren sollte.

9. Die nächste Stufe – Jenseits des Greifbaren

In den vergangenen Monaten hatte ich wiederkehrende Erlebnisse der etwas anderen Art. Hierbei spielten vor allem nebelartige sowie kugelförmige Erscheinungen innerhalb meiner Wohnung die Hauptrolle. Diese fragmentierten, fast geisterhaften Manifestationen konnte ich nicht wirklich einordnen. Es war ein anderes Phänomen als zuvor – kein klar erkennbarer Grey, keine eindeutige Präsenz, sondern etwas, das mir eher wie ein flüchtiger Splitter einer anderen Realität vorkam.

Am 09. April 2006, es war ein Sonntagabend, saß ich vor meinem PC und blickte konzentriert auf den Bildschirm. Unvermittelt nahm ich rechts von mir eine kleine Gestalt wahr. Gänsehaut. Reflexartig drehte ich mich mitsamt Stuhl herum.
Die Erscheinung schien fragmentiert – unvollständig. Der Körperbau erinnerte nicht an einen Grey. Ich erkannte einen Arm, zwei Beine, ein Stück des Kopfes, aber es wirkte, als würde jemand ein unvollständiges Puzzle in die Luft projizieren. Der Anblick war so bizarr, dass ich im ersten Moment nicht wusste, was ich davon halten sollte.

Völlig verwirrt versuchte ich auf die Schnelle zu begreifen, warum diese Gestalt so unvollständig war. Mir war klar, dass ich es hierbei nicht mit einer physischen Erscheinung zu tun hatte. Doch was sollte das?

Plötzlich verschwand die Gestalt – nur um wenige Augenblicke später etwas weiter entfernt im Raum erneut aufzutauchen. Diesmal erkannte ich nur ein Bein, der Kopf fehlte völlig, aber der restliche Körper war nun fast vollständig. Dann, ebenso abrupt wie zuvor, löste sich die Erscheinung in Luft auf. In exakt diesem Moment ertönte vom Dachboden ein lauter, harter Knall.

Ich schwenkte den Kopf reflexartig nach oben, als würde ich hoffen, dort irgendetwas erkennen zu können. Doch natürlich war die Decke unverändert. Der Knall klang, als wäre etwas Schweres auf den Boden gefallen – aber es gab dort oben nichts, das hätte herunterfallen können.

Nachdenklich ließ ich meinen Blick wieder durch den Raum schweifen – nur um im nächsten Moment vor der offenen Küchentür eine schemenhafte Bewegung wahrzunehmen. Das fragmentartige Wesen huschte regelrecht daran vorbei, als würde es sich rasch fortbewegen. Keine Sekunde später folgte ein weiteres, knallendes Geräusch, diesmal direkt über dieser Stelle.

Dann war alles vorbei.

Ich erinnere mich noch daran, wie ich mich auf meinem Stuhl langsam zu drehen begann, den ganzen Raum mit den Augen absuchend – nach Spuren, nach irgendetwas. Doch da war nichts.

Kira lag im Schlafzimmer, tief und fest schlafend. Sie hatte auf das eben Erlebte nicht reagiert. Offenbar war es nur mir vorbehalten gewesen, diesen Spuk wahrzunehmen.

Wenig später gesellte ich mich zu Kira und schlief auch recht bald ein. Im weiteren Verlauf dieser Nacht geschah nichts Ungewöhnliches mehr.

Für mich schien es damals – und erscheint es mir auch heute noch – nur logisch, diese Ereignisse ebenfalls der gesamten Grey-Thematik zuzuordnen. Die Frage, die ich mir dabei stellte, war: Was sollte das? Gehörte es zu einem weiteren Schritt in diesem Prozess der Annäherung, wie ich es schon zuvor vermutet hatte?

18. April 2006 – Dienstag. An diesem Abend schaltete ich gegen 20:15 Uhr den Fernseher ein, um mir einen Film anzuschauen. Meine Katze Kira hatte es sich schon vorher auf der Couch gemütlich gemacht, also gesellte ich mich dazu.

Es dauerte nicht lange, bis vermehrt Klopfgeräusche um uns herum auftraten. Kira wurde zunehmend unruhig. Während ich sie beruhigend streichelte, ließ ich meinen Blick durch den Raum schweifen. Ich nahm die Geräusche zur Kenntnis, versuchte aber dennoch, mich auf den Film zu konzentrieren. Nach einer Weile ebbte das Klopfen und Poltern schließlich ab.

Gegen 22:30 Uhr, der Film war zu Ende, setzte ich mich noch kurz vor den PC. Wie schon einige Tage zuvor nahm ich direkt neben mir erneut diese kleine, nahezu zusammenhanglose Gestalt wahr. Fasziniert beobachtete ich fast zehn Minuten lang, wie sie sich fragmentiert durch den Raum bewegte – immer wieder verschwand, nur um wenig später an einer anderen Stelle wieder aufzutauchen.
Ich sprach sie an, forderte sie zur Interaktion auf. Doch es gab keine erkennbare Reaktion. Es war, als würde sie mich entweder nicht wahrnehmen oder bewusst ignorieren. Kira hingegen schien inzwischen eine Art Gewöhnung durchlebt zu haben. Ich sah, wie sie den Kopf hin- und herbewegte, offenbar dem gleichen Phänomen folgend wie ich.

Gegen 23:00 Uhr machte ich mich bettfertig, betrat das Schlafzimmer und legte mich mit einem Buch ins Bett. Die Nachttischlampe tauchte den Raum in ein angenehmes Licht, während ich einige Seiten las. Kira lag noch immer im Wohnzimmer und schien tief und fest zu schlafen.

Plötzlich bildeten sich um mich herum nebelartige Umrisse. Ich erkannte drei separate Erscheinungen – wieder unvollständige Körperkonturen, erneut fragmentiert und ohne klare Form. Ein Kribbeln lief über meinen Rücken. Fast wie elektrisiert sträubten sich meine Haare. Ein energisches Unbehagen machte sich in mir breit. Die Erscheinungen huschten im Raum umher, fast kreisförmig um mich herum. Diese Szenerie dauerte mehrere Minuten und endete so abrupt, wie sie begonnen hatte.

Ich hatte das Buch bereits beiseitegelegt und stand auf, um mir in der Küche etwas zu trinken zu holen. Auf dem Rückweg streichelte ich kurz Kira, die sich daraufhin wenig später zu mir ins Bett legte. Als ich versuchte einzuschlafen, spürte ich nach etwa zehn Minuten plötzlich ein Vibrieren. Es erfasste meinen gesamten Körper. Völlig verdutzt starrte ich an die Zimmerdecke und versuchte zu begreifen, was gerade geschah. Würde ich gleich die Greys sehen? Stand eine Entführung bevor?
Noch während mir diese Gedanken durch den Kopf schossen, fiel mir auf, dass meine Bewegungen in keiner Weise eingeschränkt waren. Keine Paralyse – ganz anders als sonst. Ich richtete mich im Bett auf, und die Vibrationen hörten augenblicklich auf.
Kira blinzelte mich kurz an, machte aber keinen Eindruck, als sei etwas Ungewöhnliches vorgefallen. Ich schnaufte leise, legte mich erneut hin und schlief schließlich ohne weitere Merkwürdigkeiten ein.

In dieser Zeit pflegte ich einen intensiven Austausch mit meiner Mutter über meine Erlebnisse. Es tat einfach gut, mit jemandem von Angesicht zu Angesicht darüber reden zu können. Sie war zu dieser Zeit auch die einzige Person, mit der ich das konnte. Ihr stets offenes Ohr und ihr aufrichtiges Interesse halfen mir enorm bei meinem Verarbeitungsprozess. Dafür bin ich ihr noch heute sehr dankbar.

Wahrhaft erstaunlich war es, dass auch sie eines Tages, völlig unerwartet, mitten ins Geschehen eintauchen sollte. Ja, sie hatte tatsächlich ebenfalls ein Erlebnis. Niemand hätte das für möglich gehalten, noch auch nur im Ansatz damit gerechnet – doch es geschah. Leider hatte ich es versäumt, mir den genauen Tag zu notieren, wie ich es sonst immer getan hatte. Dennoch kann ich zumindest das Erlebte wiedergeben.
Nachdem sie nun bereits alles von mir zur Grey-Thematik erfahren hatte, schien es fast so, als hätten die Greys beschlossen, ihr ebenfalls einen Besuch abzustatten. In all unseren Gesprächen hatte sie niemals erwähnt, jemals im Leben solche oder ähnliche Erlebnisse gehabt zu haben. Ich konnte also davon ausgehen, dass es sich bei ihr tatsächlich um eine erste Begegnung handelte.

An einem Wochenende, früh morgens, rief sie mich an. Ihre Stimme war aufgeregt, fast atemlos, als sie mir erzählte, was in der Nacht zuvor geschehen war.

Zunächst verlief ihr Abend völlig normal. Später begab sie sich wie gewohnt zu Bett. Wie in diesen Zeiten üblich, las sie noch ein wenig – ein Krimi, ihre bevorzugte Lektüre. Ihr Schlafzimmer hatte innen angebrachte Alu-Rollos vor den Fenstern, durch die der Mondschein diffus in den Raum fiel. Irgendwann, gegen Mitternacht, knipste sie die Lampe aus und schlief ein.
Es war gegen 3:00 Uhr morgens, als sie unvermittelt aufwachte. Sie konnte nicht einmal genau sagen, warum. Kein Geräusch, nur dieses plötzliche Gefühl, wach sein zu müssen. Ihr Schlafzimmer, in

sanftes Mondlicht getaucht, wirkte unverändert. Doch dann bemerkte sie es. Drei Ausnahmen.

Zuerst fiel ihr Blick in die rechte Ecke des Raumes. Dort stand jemand. Sie erstarrte vor Angst. Von einer Paralyse berichtete sie mir nicht, aber sie sagte, sie sei „starr vor Furcht" gewesen, unfähig, sich zu rühren. Noch während sie versuchte, das Gesehene zu begreifen, bemerkte sie eine Bewegung. Eine weitere Gestalt kam von links, bewegte sich langsam an ihrem Bett vorbei und blieb direkt am Fußende stehen.

Dann kam der Dritte.

Er näherte sich von der anderen Seite und beugte sich langsam über sie. Sie nahm das wie in Zeitlupe wahr. Die Bewegung des Wesens stoppte erst, als sein Gesicht direkt vor ihrem war. Jetzt erkannte sie deutlich, wer ihre Besucher waren.

Es waren Greys.

Sie beschrieb sie mir so, wie ich sie bereits kannte: die übergroßen Köpfe, die schräg stehenden, pechschwarzen Augen, die ausdruckslose, fast wächserne Haut.

Was sie mir dann erzählte, war selbst für mich unfassbar faszinierend.

Sie berichtete, dass sich das rechte Auge des Greys plötzlich veränderte. Es wurde heller und heller, als würde es von innen heraus zu leuchten beginnen. Schließlich strahlte es in einem fast goldenen Licht. Sie sagte, sie habe das Gefühl gehabt, das Wesen „schaue in mich hinein".

Eine durchdringende, intensive Präsenz breitete sich in ihr aus. Sie konnte es nicht erklären, aber in diesem Moment fühlte sie sich vollkommen durchleuchtet – als würde das Wesen nicht nur in ihre Augen, sondern tief in ihr Innerstes blicken.

Nach einigen Augenblicken kehrte das Auge wieder in seinen ursprünglichen Zustand zurück – das goldene Leuchten verblasste, bis es wieder schwarz war. Der Grey richtete sich langsam auf, trat zurück und verschwand schließlich aus ihrem Blickfeld.

Der zweite Grey, der zuvor am Fußende gestanden hatte, war ebenfalls fort – ohne dass sie bemerkt hatte, wann und wie er verschwunden war.

Dann wandte sie ihren Blick wieder in die rechte Ecke des Raumes. Sie konnte sehen, wie sich der dritte Grey – der dort von Anfang an gestanden hatte – direkt vor ihren Augen in Luft auflöste.

Damit war alles vorbei.

Den Rest dieser Nacht verbrachte sie, vollkommen aufgewühlt, ein Stockwerk tiefer im hell erleuchteten Wohnzimmer. An Schlaf war nicht mehr zu denken.

Ich konnte sie so gut verstehen.

Da es keine mir bekannten dokumentierten Fälle von Greys mit goldenen oder leuchtenden Augen gibt, könnte die von Ihr beschriebene Erfahrung als selten oder einzigartig betrachtet werden. Doch was könnte der Sinn oder Zweck hinter diesem Phänomen sein?

Wenn wir an die bisherigen Erlebnisse mit diesen Wesen denken, scheint es kaum vorstellbar, dass eine solche Erscheinung ohne Bedeutung ist. War das leuchtende Auge eine Form der Kommunikation? Eine Möglichkeit, auf nichtsprachlicher Ebene Informationen zu übermitteln? Viele Berichte von Betroffenen deuten darauf hin, dass die Greys fähig sind telepathisch zu agieren – könnte das goldene Leuchten eine Verstärkung dieses Prozesses gewesen sein? Vielleicht diente es dazu, tiefere Einsichten in ihr Bewusstsein zu erlangen oder gar eine bestimmte emotionale Reaktion hervorzurufen.

Es stellt sich auch die Frage, ob das Leuchten eine physiologische oder technologische Komponente hatte. War es ein natürlicher

Bestandteil ihrer Anatomie, der in bestimmten Momenten aktiviert wurde? Oder handelte es sich um eine Art Hilfsmittel – eine Technologie, die uns schlicht fremd ist? In der Natur finden sich leuchtende Phänomene oft im Zusammenhang mit Warnsignalen oder Tarnmechanismen. Scheint mir in diesem Zusammenhang jedoch unzutreffend. In diesem Fall schien das Licht eher eine beruhigende, ja fast durchdringende Qualität zu besitzen.

Noch eine weitere Überlegung drängt sich auf: War dieser Moment bewusst gesteuert? Wurde das Leuchten gezielt eingesetzt, um eine bestimmte Reaktion hervorzurufen oder eine Art „Abdruck" im Gedächtnis meiner Mutter zu hinterlassen? Vielleicht war es nicht nur ein Blick, sondern eine tiefergehende Untersuchung, eine Art „Scan" auf einer Ebene, die weit über unsere bekannten Sinneswahrnehmungen hinausgeht.

So bleibt dieses Ereignis ein weiteres Mosaikstück in einem großen Puzzle, dessen Gesamtbild wir nicht erkennen können. Fragmente einer Realität, die sich uns immer nur in Bruchstücken offenbart, niemals vollständig, aber immer gerade genug, um uns zum Weiterdenken zu bringen.

In meinem nachfolgenden Bericht, der eine weitere neue Stufe meiner Erlebnisse markiert, erlebte ich die Grey von einer Seite, die mir bis dahin fremd war. Sie waren nicht nur gekommen, um zu nehmen – sie waren offenbar auch bereit zu geben. Und damals war ich ihnen dafür durchaus dankbar.
Allerdings konnte ich nicht wissen, ob ihr Eingreifen für mich langfristige Folgen haben würde. In dieser Hinsicht musste ich ihnen wohl vertrauen. Doch wie vertraut man jemandem, dessen Motive man nicht durchschauen kann? Eine einseitige Beziehung, die auf blindem Vertrauen beruhen sollte, war alles andere als einfach.

Schon Wochen zuvor hatte ich mir eine äußerst hartnäckige Bronchitis zugezogen. Natürlich suchte ich meinen Hausarzt auf, der mir ein Antibiotikum verschrieb, das ich über fünf Tage einnehmen sollte. Nachdem ich die verordnete Dosis vorschriftsgemäß eingenommen hatte, fühlte ich mich zwar etwas besser – aber noch lange nicht gesund.

Nach einer weiteren Woche kehrten die Beschwerden zurück – schlimmer als zuvor. Die Symptome waren nicht nur zurück, sie fraßen sich gefühlt in meinen Körper hinein. Heißer Tee und gute Gedanken hielten mich einige Tage über Wasser. Als mir klar wurde, dass ich noch einmal zum Arzt musste, war es bereits Samstag. Ich ärgerte mich, nicht schon ein paar Tage früher gehandelt zu haben.

Ich suchte also den ärztlichen Notdienst auf, der mir ein stärkeres Antibiotikum sowie Augentropfen verschrieb. Kraftlos und frustriert über meinen Zustand fuhr ich nach Hause und hoffte auf schnelle Besserung.

Doch die Tage vergingen – und es wurde nicht besser. Ich wollte unbedingt wieder arbeiten, doch es war schlicht nicht möglich. Stattdessen verschlechterte sich mein Zustand immer weiter.

Am Montagabend, dem 15. Mai 2006, eskalierte die Situation.

Innerhalb weniger Stunden verschlimmerten sich meine Symptome drastisch. Mein Kopf hämmerte, mein Kreislauf war instabil, mein ganzer Körper fühlte sich schwach an. Mir schwante, dass auch die neuen Antibiotika ihre Wirkung verfehlten. Ich fühlte mich miserabel und wusste nicht, was ich tun sollte. Sollte ich noch abwarten? Oder direkt ins Krankenhaus fahren?
Gegen 22:00 Uhr schleppte ich mich ins Schlafzimmer und ließ mich aufs Bett fallen. Mein Kreislauf pendelte irgendwo zwischen

„Ich schaffe das" und „Notprogramm". Ich überlegte, wo ich mein schnurloses Telefon hingelegt hatte – falls es schlimmer werden würde, musste ich schnell handeln.

Während ich aus dem Fenster starrte, kam mir plötzlich ein völlig absurder Gedanke:

Frag die Grey, ob sie dir helfen können.

Ich schloss die Augen und konzentrierte mich auf sie. Ich wusste nicht, ob sie mich hören konnten, aber ich sprach dennoch laut und formulierte meinen Wunsch nach Hilfe. Ich erklärte ihnen, wie schlecht es mir ging, dass ich nicht mehr weiter wusste, dass ich mir Sorgen machte.

Nichts geschah.

Nach einigen Minuten öffnete ich die Augen. Wenn es mir nicht so schlecht gegangen wäre, hätte ich wahrscheinlich über meinen verrückten Versuch gelächelt.

Ich richtete mich langsam auf, lehnte mich mit dem Rücken gegen mein Kopfkissen und blickte auf meinen Kleiderschrank.

Und dann – ich konnte es kaum fassen – stand plötzlich eines dieser Wesen direkt vor mir. Ein Grey.

Unsere Blicke trafen sich. Ich sah ihm direkt in seine großen schwarzen Augen. Keine Bewegung. Kein Geräusch. Nur dieser tiefe Blick, der mir fast durch die Seele zu schneiden schien.

Ein einziger Gedanke surrte durch meinen Kopf: Hilf mir.

Plötzlich wich sein Kopf zurück – und im selben Moment war er verschwunden.

Doch an seiner Stelle erschien etwas anderes:

Eine schwebende, leuchtende Kugel – etwa so groß wie ein Tennisball. Sie pulsierte sanft, fast so, als wäre sie lebendig.

Ungläubig und vollkommen beeindruckt beobachtete ich, wie sie langsam auf mich zu schwebte.

Dann geschah etwas, das mich noch mehr verblüffte.

Auf halbem Weg stoppte die Kugel ihre Bewegung. Ich spürte einen intensiven, intuitiven Gedanken – als ob jemand um meine Zustimmung bat.

Ein merkwürdiges Gefühl. Als ob ich gefragt wurde: Darf ich das tun?

Ohne genau zu wissen, was folgen würde, gab ich meine Zustimmung.

Die Kugel setzte sich erneut in Bewegung – und drang direkt in meinen Brustkorb ein.

Ich spürte, wie sich mein Körper leicht aufbäumte. Doch es war kein Schmerz. Ganz im Gegenteil.

Eine Welle purer Erleichterung durchflutete mich bis in die letzte Faser. Die fast unerträglichen Kopfschmerzen waren in einem einzigen Moment verschwunden – einfach weg. Ich fühlte mich schlagartig ruhig, entspannt, euphorisch.

Eine sagenhafte Ruhe breitete sich in mir aus. Mein ganzer Körper fühlte sich anders an – als wäre er von innen heraus gestärkt worden. Ich konnte kaum fassen, was gerade geschah.

Dankbar sank ich in mein Kissen zurück und fiel nur Momente später in einen tiefen, erholsamen Schlaf.

Als ich aufwachte, wusste ich sofort, dass sich etwas verändert hatte. Ich fühlte mich unglaublich gut. Kein Husten, keine Kopfschmerzen, keine Schwäche. Mein Körper war voller Energie, mein Geist klar und erfrischt. Ich war nicht mehr krank. Auch in den Tagen und Wochen danach blieb ich gesund. Keine Rückfälle, keine Spätfolgen.

Ich wusste nicht, was die Grey getan hatten – aber es hatte funktioniert. Es war eine Heilung, die sich jeder Erklärung entzog.

Und damit stand eine neue, verblüffende Frage im Raum: Wenn sie in der Lage waren, mich zu heilen – was bedeutete das dann für ihre Fähigkeiten, und warum waren sie bereit, mir zu helfen?

Diese Frage hat mich wohl ebenso tief beschäftigt wie das Erlebnis selbst. Es war eine Sache, ihre Anwesenheit zu akzeptieren, eine ganz andere jedoch, zu begreifen, dass sie – zumindest in dieser Situation – nicht nur nahmen, sondern auch gaben. Und nicht nur das: Sie taten es auf eine Art, die jede menschliche Vorstellung von Heilung überstieg.

Doch warum? Warum sollte eine Spezies, die sich bisher kaum durch Erklärungen oder Einfühlsamkeit hervorgetan hatte, plötzlich eine so gezielte und wirkungsvolle Unterstützung leisten?

Zunächst einmal liegt die Annahme nahe, dass sie ein ureigenes Interesse an meinem physischen und psychischen Zustand hatten. Möglicherweise war ich für sie nicht einfach nur ein Beobachtungsobjekt, sondern ein Element eines übergeordneten Prozesses – ein Zahnrad in einer Maschinerie, deren Funktion ich nicht durchschauen konnte. Ihre Experimente, ihre Tests und ihre Begegnungen mit mir wären bedeutungslos, wenn mein Körper nicht mehr leistungsfähig gewesen wäre. Vielleicht lag es also in ihrem Interesse, mich stabil zu halten.

Doch das allein erklärt nicht alles. Die Art der Heilung, die ich erfahren habe, war kein rein technischer Eingriff. Es war etwas anderes – etwas, das sich in einer Dimension abspielte, die wir noch nicht verstehen. Die Kugel, die in meinen Körper eindrang, schien nicht nur auf die Symptome zu reagieren, sondern auf mich als Ganzes. Sie stellte nicht einfach nur meine körperliche Gesundheit wieder her – sie versetzte mich in einen Zustand tiefer Zufriedenheit und innerer Ruhe.
Könnte es sein, dass diese Wesen über ein Verständnis von Gesundheit verfügen, das weit über unsere schulmedizinischen Konzepte hinausgeht? Vielleicht ist für sie körperliches Wohlbefinden

untrennbar mit einem stabilen Bewusstsein verknüpft. Vielleicht war meine Erschöpfung nicht nur eine biologische Schwäche, sondern eine Störung im Gesamtgefüge meines Seins – eine Störung, die sie zu beheben beschlossen.

Eine andere Überlegung drängt sich auf: Hatten sie eine Art Mitgefühl? Ein Konzept, das wir als Empathie bezeichnen, jedoch auf einer für uns fremden Ebene existiert? Die Art und Weise, wie ich um Hilfe bat, könnte ein Schlüsselmoment gewesen sein. Vielleicht operieren sie in einem Feld, in dem bewusste Absicht, Gedankenkraft und Emotionen eine weitaus größere Rolle spielen, als wir es für möglich halten. Und vielleicht war meine Bitte genau die Art von Kommunikation, die sie verstehen – nicht als Forderung, sondern als energetischen Impuls, der eine Reaktion auslöste.

Und dann gibt es noch einen letzten Gedanken. Eine Möglichkeit, die sowohl tröstend als auch verstörend ist: Vielleicht war dies kein einmaliger Akt der Hilfsbereitschaft, sondern Teil eines langfristigen Plans. Vielleicht war das, was sie mir gaben, nicht einfach eine spontane Entscheidung, sondern eine Maßnahme, die längst vorhergesehen war. Wenn das zutrifft, dann wäre meine Heilung nicht nur ein Akt der Fürsorge, sondern ein Puzzlestück in einem weit größeren Bild.

Ich werde die endgültige Antwort wohl nie kennen. Das erste Mal seit Beginn dieser Erlebnisse wurde mir nicht nur etwas genommen – sondern auch etwas gegeben. Und das allein war schon eine neue Stufe des Unbegreiflichen.

Wie weit reichen ihre Fähigkeiten tatsächlich?
Es ist das eine, sich unbemerkt Zugang zu meinem Raum zu verschaffen, durch Wände zu treten oder mich aus meinem Bett zu

holen, ohne dass es Spuren hinterlässt. Doch es ist eine ganz andere Dimension, wenn sie in der Lage sind, direkt auf meinen physischen Zustand Einfluss zu nehmen – mich zu heilen. Was sagt das über sie aus?

Die erste naheliegende Überlegung wäre, dass sie über ein unglaublich tiefgreifendes Verständnis biologischer Prozesse verfügen. Doch das allein erklärt es nicht. Ein Arzt behandelt eine Krankheit, indem er Medikamente verabreicht oder chirurgische Eingriffe vornimmt. Hier aber passierte etwas völlig anderes: Keine Substanzen, keine sichtbare Handlung, nur eine leuchtende Kugel – eine Energieform, die mich durchdrang und meinen Körper in einen Zustand zurückversetzte, als hätte die Krankheit nie existiert.

Das könnte bedeuten, dass sie nicht nur den menschlichen Körper bis in seine feinsten Mechanismen verstehen, sondern auch die Fähigkeit besitzen, ihn direkt zu beeinflussen – sei es auf molekularer, energetischer oder sogar auf quantenphysikalischer Ebene. Vielleicht begreifen sie Materie nicht so, wie wir es tun. Für uns ist ein Körper eine feste, biologische Struktur, für sie vielleicht etwas, das sich manipulieren lässt, eine Art wandelbare Form, die durch Frequenzen, Schwingungen oder Impulse verändert werden kann. Aber hier kommt der entscheidende Punkt: Wenn sie das mit meinem Körper tun konnten – wo sind dann die Grenzen ihrer Fähigkeiten?

Wenn sie Materie beeinflussen können, können sie dann auch Gedanken beeinflussen? Erinnerungen formen? Realität anpassen? Waren all die bisherigen Erlebnisse, die scheinbar unbegreiflichen Phänomene, nicht vielleicht Ausdruck genau dieser Fähigkeit? Diese eine Heilung war vielleicht nur ein kleiner Einblick in etwas viel Größeres. Etwas, das ich nicht einmal ansatzweise durchdringen kann. Ich war und bin auch dankbar für die damalige Hilfe und Unterstützung. Und doch gibt es einen Gedanken, der sich nicht verdrängen lässt:

Vielleicht war das, was ich erleben durfte, für sie nur eine Kleinigkeit. Ein Bruchteil dessen, wozu sie in Wahrheit fähig sind. Das ist sogar sehr wahrscheinlich.

Und das wiederum führt zu der wohl beunruhigendsten aller Fragen: Wenn sie das können – was tun sie noch, von dem wir nicht einmal wissen?

10. Die unsichtbare Hand – Manipulation und Einfluss

In diesem Abschnitt kann ich von Erlebnissen berichten, die abermals eine weitere Stufe auf meiner Reise darstellten – eine Steigerung in ungeahnte Dimensionen.

Gott sei Dank hatte ich inzwischen fast so etwas wie eine gewisse Routine im Umgang mit ihnen entwickelt. Wenn auch nicht in dem Maß, wie ich es mir gewünscht hätte, so stellte ich doch fest, dass ich mental zunehmend besser damit klarkam, wenn sie in Erscheinung traten. Hier liegt in dem Sprichwort „Der Mensch ist ein Gewohnheitstier" tatsächlich mehr Wahrheit, als man denken mag.

Auch wenn diese Erlebnisse sich jeglicher Vorstellungskraft entzogen, war es faszinierend zu beobachten, wie sich mit der Zeit ein gewisser Anpassungsprozess einstellte. Ich lernte, mich diesen herausfordernden Situationen zu stellen – und irgendwie gelang es mir, nach und nach besser damit umzugehen.

5. Juni 2006 – Ein Erlebnis jenseits aller bisherigen Grenzen
In der Nacht von Sonntag auf Montag wurde ich unerwartet aus einem tiefen Schlaf gerissen. Sofort spürte ich das typische Gefühl einer vorherrschenden Paralyse. Adrenalin schoss durch meine Adern, und ich war aufs Äußerste angespannt.
Doch zu meinem Erstaunen ließ die Paralyse dieses Mal recht schnell nach – bis sie nur wenige Momente später vollständig verschwand. Erst jetzt realisierte ich, dass ich meine Augen nicht öffnen konnte. Und eigentlich wollte ich das – doch meine Augenlider verweigerten förmlich meinen inneren Befehl.
Ich lag auf dem Rücken, aber das, worauf ich lag, fühlte sich nicht an wie meine gewohnte Matratze. Ad hoc poppte in meinem Kopf

die Frage auf: Wo bin ich? Mein Bett schien es jedenfalls nicht zu sein.

Ich war hellwach und versuchte, mit meinen anderen Sinnen mehr von meiner Umgebung wahrzunehmen. Sehen konnte ich nicht, also fokussierte ich mich auf Gerüche und Geräusche. Doch nichts – entweder funktionierte meine Nase nicht, oder es gab schlicht nichts wahrzunehmen. Keine Luftbewegung, kein typischer Raumgeruch.

Dann vernahm ich leise Geräusche um mich herum. Schritte? Bewegungen? Stimmen? Ich konnte sie nicht eindeutig zuordnen, aber es kam mir vor, als wäre ich nicht allein.

Plötzlich spürte ich Hände an meinem rechten Bein. Eine unterhalb des Knies, die andere etwas weiter oben. Ich realisierte, dass ich unbekleidet war. Mit leichtem Druck wurde mein Bein nach oben bewegt, bis es eine keilartige Form bildete.

Dann – eine intensive Wärme. Direkt im Bereich meiner Genitalien. Mein Bein wurde wieder abgelegt, dann erneut in die Keilform gebracht. Und wieder spürte ich diese extreme Wärme. Ich fühlte, wie Samenflüssigkeit meinen Körper verließ.

Der Vorgang wiederholte sich. Fünf Mal.

Mit jeder Wiederholung wurde die Wärme intensiver. Doch trotz der Tatsache, dass ich nicht paralysiert war, hegte ich keinen Gedanken daran, mich zu wehren. Ich ließ es einfach geschehen. Und das ist rückblickend das Unbegreiflichste an diesem Erlebnis. Ich hätte mich bewegen können, hätte etwas tun können – doch es kam mir nicht einmal in den Sinn. Keine Angst, kein Widerstand.

Dann – Blackout.

Ich verlor plötzlich das Bewusstsein.

Irgendwann kam ich wieder zu mir. Wie lange ich weggetreten war, konnte ich nicht sagen. Sekunden? Minuten? Vielleicht eine Stunde?

Ich lag noch immer auf dem Rücken. Und dann begann die Prozedur erneut.

Mein rechtes Bein wurde angehoben – diesmal wurde die Wärme jedoch so intensiv, dass sie an Schmerz grenzte. Wieder spürte ich die Entnahme meines Spermas. Doch noch immer keine Spur von Gegenwehr. Als würde dieser Zustand der Ergebenheit ein natürlicher Teil des Prozesses sein.

Wieder – Blackout.

Als ich erneut zu mir kam, befand ich mich nicht mehr in liegender Position. Ich stand.

Links und rechts spürte ich Hände, die mich vorsichtig, aber bestimmt an den Armen hielten. Erst jetzt nahm ich bewusst den Boden unter meinen Füßen wahr. Doch meine Augen gehorchten mir noch immer nicht.

Der Untergrund war weder kalt noch warm. Er war nicht weich, aber auch nicht so hart wie Fliesen oder Beton. Wieder kam mir der Gedanke, dass ich nicht mehr in meiner Wohnung war – doch ich hatte keine Möglichkeit, diesen starken Verdacht visuell zu bestätigen.

Dann setzte sich mein Körper in Bewegung.

Nicht aus eigenem Antrieb – als wäre ich ein Passagier im eigenen Körper. Jemand anders hatte entschieden, dass ich gehen sollte, und ich folgte dieser Entscheidung mechanisch.

Nach einigen Metern – Blackout.

Als ich wieder zu mir kam, lag ich in meinem Bett. Doch ich war nicht allein.

Ich spürte Hände auf mir. Leichte Berührungen. Ich hörte das Rascheln der Bettdecke, die über mich gelegt wurde. Reflexartig klemmte ich die Decke unter meinem Kinn ein – warum, wusste ich nicht.

Jemand zog sanft an der Decke, als wolle er sie wieder lockern, bis sie nur noch lose auf meiner Brust lag.

Plötzlich überkam mich eine Welle der Furcht.

Die plötzliche Rückkehr in meine vertraute Umgebung und die dennoch spürbare Fremdheit der Situation löste in mir ein starkes Unbehagen aus. Der Kontrast war zu groß. Ich war wieder in meiner sicheren Welt – und doch war da noch jemand.

Mehr unterbewusst als bewusst verließ ein einziges Wort meinen Mund: „Hilfe…"

Dann passierte etwas Unerwartetes.

Meine Augenlider öffneten sich. Nicht, weil ich es wollte – es war, als würde eine unsichtbare Kraft sie anheben.

In der Morgendämmerung sah ich ihn.

Ein Grey.

Er schob sich in mein Blickfeld, fast schon aufdringlich – und dann griff er nach meiner Hand. Sanft, fast zärtlich, begann er sie zu streicheln.

Meine Furcht löste sich in diesem Moment langsam auf. Ein seltsames Gefühl der Vertrautheit ersetzte die Angst.

Dann beugte sich der Grey weiter zu mir herunter. Und ich hörte ihn – klar und deutlich: „Aber Marc, du wirst ja ganz rot."

Ich erstarrte.

Lippenbewegungen hatte ich nicht wahrgenommen. Und doch war da diese Stimme. Diese Worte. War das… Telepathie?

Ich konnte kaum weiterdenken, denn im nächsten Moment veränderte sich etwas.

Wo eben noch der Grey stand, sah ich nun eine Frau.

Sie stand an genau der gleichen Stelle, als hätte sich der Grey einfach in sie verwandelt.

Sie war schön – perfekt menschlich, mit schwarzem, glänzendem Haar, das knapp bis zu den Schultern reichte. Ihre Haut war makellos und ebenmäßig. Doch es gab einen Unterschied. Die Augen.

Form und Größe waren menschlich – aber sie waren komplett schwarz.

Sie lächelte mich an, wirkte freundlich, und ich starrte sie nur entgeistert an.

Dann sprach sie.

Ich sah, wie sich ihre Lippen bewegten. Ihre Stimme war ruhig, weich. Sie sagte, wie zufrieden sie mit mir seien und dass ich das gut machen würde.

Dann erklärte sie mir, dass der Grey, den ich kurz zuvor gesehen hatte, die ganze Zeit sie gewesen sei. Sie hatten meine Reaktion testen wollen.

Ich hörte ihre Worte – doch irgendwann nahm ich sie nicht mehr bewusst wahr. Es war zu viel. Mein Geist schaltete wohl in eine Art Selbstschutzmodus. Ich denke ich war dann mit der Situation einfach überfordert.

Sanft legte sie meine Hand zurück auf die Matratze.

Und dann war sie fort.

Langsam richtete ich mich im Bett auf.

Just in diesem Moment ertönte ein lautes Klopfgeräusch – gefolgt von einer ganzen Reihe derselben Geräusche, die sich an der Wand entlangbewegten. Mein Kopf folgte dem Klopfen.

Dann – Stille.

Ich saß noch minutenlang regungslos da.

Schließlich stand ich auf und ging in die Küche, um etwas zu trinken. Auf dem Weg dorthin kam mir Kira entgegen.

Sie miaute ungewöhnlich viel, drückte sich an meine Beine und wirkte, als würde sie ängstlich nach etwas Ausschau halten. Ich nahm sie auf den Arm – doch sie wollte nicht hochgenommen werden. Sie drückte sich nur fester an mich.

Ich setzte mich mit ihr auf den Fußboden. Und während ich sie beruhigend streichelte, versuchte ich Stück für Stück zu verarbeiten, was da gerade geschehen war.

Das mögliche Hybridenprogramm der Grey ist eine Theorie, die in der Welt der Entführungsberichte immer wieder aufkommt. Mein eigenes Erlebnis, insbesondere die Entnahme von Sperma und das plötzliche Erscheinen der menschlich aussehenden Frau, könnte in diesen Kontext passen – muss es aber nicht zwangsläufig. Es bleibt eine Vermutung, wenn auch eine äußerst naheliegende.

Wenn man sich Berichte anderer Betroffener ansieht, scheint es eine gewisse Musterhaftigkeit in den Erlebnissen zu geben. Die wiederkehrenden Entnahmen von genetischem Material, die scheinbare Fixierung auf Fortpflanzungsprozesse, die Begegnungen mit Wesen, die sich irgendwo zwischen Mensch und Grey einordnen lassen – all das sind Indizien, die sich in zahlreichen Fällen finden lassen. Es gibt sogar Berichte über direkte Interaktionen mit diesen Hybriden, manche Betroffene sprechen von emotionalen Verbindungen zu ihnen, andere berichten von kalten, klinischen Treffen.

Doch warum sollten die Grey ein solches Programm durchführen? Die erste naheliegende Annahme ist die Erschaffung einer neuen Spezies – einer Art Brücke zwischen Mensch und Grey. Doch welchem Zweck würde dies dienen? Ein Blick auf mögliche Motive eröffnet einige faszinierende und zugleich verstörende Überlegungen.
Eine der häufigsten Theorien besagt, dass die Grey selbst eine sterbende oder degenerierte Spezies sein könnten. Viele Beschrei-

bungen zeigen sie als körperlich schwach, mit dünnen Gliedmaßen und übergroßen Köpfen, fast wie eine Spezies, die sich durch extreme Evolution oder gezielte genetische Eingriffe in eine Sackgasse manövriert hat. Möglicherweise benötigen sie frisches, robustes genetisches Material, um ihren Fortbestand zu sichern. Menschliche DNA könnte ihnen genau das bieten.

Eine andere Möglichkeit ist, dass die Hybriden eine neue Form des intelligenten Lebens repräsentieren sollen – eine Kombination der Stärken beider Spezies. Vielleicht ist das Ziel nicht nur der eigene Fortbestand der Grey, sondern die Erschaffung von Wesen, die als Vermittler zwischen unserer und ihrer Welt fungieren können. Könnte es sein, dass sie sich in unserer Umwelt nicht dauerhaft aufhalten können? Dass sie Wesen benötigen, die ihre Interessen auf der Erde vertreten können?

Was, wenn es sich hierbei nicht um die Rettung ihrer eigenen Art handelt, sondern um ein über Generationen hinweg laufendes Experiment? Vielleicht geht es darum, zu testen, wie weit sich menschliche und außerirdische Genetik kombinieren lässt und welche Eigenschaften dabei erhalten bleiben. Vielleicht wird untersucht, wie sich kognitive Fähigkeiten, emotionale Strukturen oder spirituelle Aspekte zwischen beiden Spezies verhalten. Wenn dies der Fall ist, könnten diese Entnahmen bereits seit Jahrhunderten stattfinden.

Es gibt eine gewagte Überlegung: Was, wenn das Hybridenprogramm kein Experiment, sondern eine gezielte Anpassungsstrategie ist? Eine langsame Durchmischung unserer Spezies mit einer anderen, bis zu einem Punkt, an dem wir es nicht mehr als „außerirdisch" wahrnehmen. Es wäre eine unsichtbare Veränderung, die sich über Generationen erstreckt, sodass eines Tages Hybride unter uns existieren, ohne dass wir es bemerken.

Wie lange läuft dieses Programm bereits? Wenn man den Berichten Glauben schenkt, existieren solche Erlebnisse seit Jahrzehnten, vielleicht Jahrhunderten. Manch alte Mythen über Wesen, die sich mit Menschen vereinen, könnten in einem neuen Licht betrachtet werden. Vielleicht sind solche Berichte mehr als nur Legenden – vielleicht sind sie frühe Beschreibungen eines fortlaufenden Prozesses.

Und doch bleibt eine entscheidende Frage offen: Wenn dieses Programm real ist, was ist das Endziel?

Die Tatsache, dass ich in meinem Erlebnis nicht nur eine Entnahme erlebt habe, sondern auch eine direkte Interaktion mit der Frau, die sich aus dem Grey heraus zu formen schien, könnte auf eine neue Phase dieses Programms hinweisen. Nicht nur für mich selbst. Eine Phase, in der direkte Kommunikation und Offenlegung zumindest in einem begrenzten Rahmen erfolgen. Das wäre ein bedeutender Schritt – denn, wenn bisher alles im Verborgenen geschah, warum dann plötzlich dieser Wandel?

All das sind Überlegungen, keine endgültigen Antworten. Und doch bleibt das Gefühl, dass sich hier eine größere Geschichte entfaltet.

In den folgenden acht Monaten hatte ich Zeit, tiefer über die äußerst komplexe Natur meiner Reise mit den Grey nachzudenken. Auch wenn es in diesem Zeitraum zu keinem großen Ereignis mehr kam, war ich dennoch anscheinend nie wirklich allein. Die Präsenz dieser fremden Wesen offenbarte sich mir weiterhin – in häufigen

Klopfphänomenen sowie schattenhaften Erscheinungen in meiner unmittelbaren Umgebung. All meine bisherigen Überlegungen zu den Ereignissen spulten sich immer wieder in meinen Gedanken ab, während ich unermüdlich nach weiteren Puzzleteilen suchte, die sich möglicherweise ineinanderfügen ließen.

Während dieser Zeit lernte ich jemanden kennen. Aufgrund der räumlichen Distanz führten wir anfangs eine gut funktionierende Fernbeziehung, in der wir uns regelmäßig, zumeist an den Wochenenden, trafen. Und genau diese Person sollte für einen kurzen Zeitraum ebenfalls eine Rolle in meinen Erlebnissen einnehmen. Es war faszinierend zu beobachten, dass nicht nur meine Mutter als unbeteiligte Person, sondern nun auch meine neue Lebensgefährtin von den Grey involviert wurde. Dies warf die berechtigte Frage auf, warum sie das taten.

Maren, meine Lebensgefährtin, hatte zuvor nie auch nur ansatzweise ähnliche Erlebnisse gehabt. Die Herausforderung, vor der ich damals stand, war groß. Warum? Ganz einfach: Ich hatte eine Frau kennengelernt, die eine ernsthafte und dauerhafte Beziehung aufbauen wollte. Auch meinerseits war diese Beziehung ernst gemeint, und wir entwickelten schnell eine tiefe Verbindung zueinander. Doch was ist einer der fundamentalen Grundpfeiler jeder guten Beziehung? Ehrlichkeit und Aufrichtigkeit.

Die Herausforderung bestand also darin, ihr gegenüber diesen nun einmal vorhandenen Teil meines Lebens – die Grey – zu offenbaren. Ich bin sicher nicht der einzige Betroffene, der schon einmal vor diesem Dilemma stand. Doch da Beziehungen zwischen zwei Menschen stets einzigartig und individuell sind, gibt es hierfür kein Patentrezept. Ich persönlich entschied mich damals ganz bewusst, ihr von Anfang an reinen Wein einzuschenken. Die Vorstellung, es ihr möglicherweise erst Jahre später zu erzählen, erschien mir falsch.

Indem ich es nicht auf die lange Bank schob, wollte ich ihr frühzeitig die Möglichkeit geben, für sich eine Entscheidung zu treffen: Gehen oder bleiben. Und das, bevor Jahre dazwischenlagen und eine Trennung aufgrund dessen für uns beide deutlich schwerer gewesen wäre. Ich wählte den Zeitpunkt mit Bedacht – an einem Wochenende, als ich sie besuchte. Und so saßen wir eines Nachmittags zusammen, und ich begann mit den Worten: „Ich will dir etwas erzählen ...“

Ich kürze es an dieser Stelle ab. Das Resultat dieses für uns beide enorm wichtigen Gesprächs verlief anders als erwartet. Und um hier vorwegzugreifen: Noch heute teile ich mein Leben mit dieser wunderbaren Person.

Schon sehr früh, wenn Maren an einem Wochenende zu Besuch war, erlebte auch sie, was es bedeutet, mit rätselhaften Klopf- und Polterphänomenen konfrontiert zu werden. Obwohl sie durch mich bereits bestens informiert war, ließ sie es sich nicht nehmen, selbst nach einer natürlichen Ursache zu suchen – und ich unterstützte sie dabei.

Maren ist eine überaus intelligente Frau mit einem scharfen Verstand, doch auch sie stieß hierbei sehr schnell an Grenzen, was mögliche Erklärungsversuche anbelangte. Mein Credo war und ist es, diese Dinge stets objektiv zu betrachten, sie rational und logisch zu hinterfragen. Doch was nach gründlicher Prüfung übrig bleibt, verdient in jedem Fall eine genauere Betrachtung.

Wir beide erinnern uns noch gut an einen Abend im späten Jahr 2006. Ich saß im Wohnzimmer auf der Couch zusammen mit Kira, während Maren – im selben Raum – noch an meinem Computer saß, um sich über Ausflugsziele in Nordrhein-Westfalen zu informieren.

Völlig unvermittelt ertönte ein lauter Schlag, der von der mir gegenüberliegenden Wand zu kommen schien. Es war fast schon amüsant, denn Maren und ich reagierten exakt im selben Moment. Wie einstudiert riefen wir beide gleichzeitig: „Hallo?"

Nur eine gefühlte Sekunde später folgte dem ersten lauten Schlag eine ganze Reihe weiterer – insgesamt sieben Schläge in sehr kurzen Abständen entlang der Wand. Eine eindeutige Reaktion.

Wir sahen uns mit großen Augen und offenem Mund an und staunten nicht schlecht. Ich hob meine Hände ein wenig, sah Maren noch immer an und machte eine Geste, als wollte ich sagen: „Entschuldige. So ist das hier."

Solche gemeinsamen Momente sollten wir in Zukunft noch öfter erleben. Meine große Sorge war, dass es ihr Angst bereiten könnte. Doch zum Glück war dem nicht so. Sicher gab es Momente, in denen auch sie sich unwohl fühlte, doch durch meine Erzählungen und Berichte konnte ich ihr die Einstiegshürde deutlich erleichtern, sodass sie besser mit diesen Dingen umgehen konnte.

Wir hatten im Vorfeld sehr tiefgehende Gespräche zu dieser ganzen Thematik. Sie war neugierig und auch sehr interessiert. So hatte sie die Möglichkeit sich nach und nach mit dem Thema vertraut zu machen. Und sie besaß noch einen weiteren entscheidenden Vorteil. Sie war nicht allein.

Wenige Wochen nach unserem gemeinsamen „Hallo"-Ereignis kam es zu einem weiteren Erlebnis mit Maren, das erneut eindrucksvoll die manipulativen Fähigkeiten der Greys demonstrierte.

Maren und ich hatten uns eine angenehme Routine geschaffen, an gemeinsamen Wochenenden den Abend im Wohnzimmer ausklingen zu lassen – bei gutem Essen und einem fesselnden Film. Das Schlafsofa bot eine willkommene Bequemlichkeit, sodass wir oft auch dort übernachteten. Ein erst kürzlich erworbenes Aquarium, das über ein sanftes blaues Nachtlicht verfügte, verhinderte völlige Dunkelheit, sodass der Raum selbst in der Nacht noch schemenhaft erkennbar war.

Eines Nachts – wir schliefen beide auf dem Schlafsofa im Wohnzimmer – wachte ich plötzlich auf.
Das, was meine Augen mir offenbarten, war zunächst von einer derartigen Fremdartigkeit, dass es mich in tiefe Verwirrung stürzte.

Ich hob den Kopf, stützte mich auf den Ellenbogen und sah Maren, links von mir, bäuchlings auf dem Boden liegen. Langsam erhob sie sich und begann, sich auf allen Vieren in meine Richtung zu bewegen. Ich verstand nicht, warum sie das tat. Und vor allem: Wieso lag sie überhaupt auf dem Boden?

Erst in diesem Moment bemerkte ich, dass die Decke neben mir lag und mein rechtes Bein in einem ungewöhnlichen Winkel in der Luft schwebte. Es war befremdlich, dass ich diese Unregelmäßigkeit nicht sofort wahrgenommen hatte.
Direkt vor mir stand ein Grey. Er hielt meinen Fuß.
Ich starrte ihn an. Seine Hände, seine Finger, bewegten sich immer wieder über meinen Fuß. Er schien etwas zu tun, doch die genaue Natur seiner Handlung entzog sich meiner Wahrnehmung.

Zu meiner Überraschung verspürte ich keinerlei Paralyse. Ich war vollkommen bewegungsfähig, und in mir begann sich Widerstand zu regen. Instinktiv schoss mir der Gedanke durch den Kopf, dass

Maren in Gefahr sein könnte. Meine Körperspannung nahm zu, ich war kurz davor, mich aus dem Griff des Grey zu befreien und aufzustehen.

Doch genau in diesem Moment begann Maren ruhig und sanft auf mich einzureden:

„Es ist alles in Ordnung, Marc. Du musst dir keine Sorgen machen. Bleib ganz ruhig. Leg dich wieder hin, es ist wirklich alles in Ordnung."

Ich erinnere mich lebhaft daran, wie mein Blick zwischen ihr und dem Grey hin- und herwanderte.

Und dann geschah etwas Seltsames.

Tatsächlich ließ meine Anspannung nach. Der Widerstand in mir wich. Ich dachte: *Ja, alles in Ordnung.*

Ich legte mich wieder hin, schloss die Augen – und schlief sofort wieder ein.

Am nächsten Morgen war Maren bereits wach und bereitete ein kleines Frühstück vor, als mir das Erlebnis der letzten Nacht wieder in den Sinn kam.

Sofort sprach ich sie darauf an. Sie sah mich überrascht an. Sie konnte sich an nichts erinnern.

Ich schilderte ihr, was geschehen war. Sie zweifelte nicht an der Richtigkeit meiner Schilderung, doch die Tatsache, dass sie selbst keine Erinnerung daran hatte, irritierte sie sichtlich.

Ich konnte mir einen kleinen Scherz nicht verkneifen und fragte, ob sie vielleicht gemeinsame Sache mit den Greys mache.

Dieser Running Gag lebt bis heute.

Was in jener Nacht geschah, ließ sich mit bloßer Logik kaum erfassen. Doch genau deshalb ist es wichtig, einen kühlen Kopf zu bewahren und das Erlebte nicht nur als isoliertes Ereignis zu betrachten, sondern es in einen größeren Zusammenhang einzuordnen.

Zunächst einmal: Marens Verhalten.

Dass sie mitten in der Nacht auf dem Boden lag und sich dann auf allen Vieren auf mich zubewegte, war bereits merkwürdig genug. Doch entscheidend war ihr Verhalten im Moment der direkten Konfrontation. Während ich mich instinktiv darauf vorbereitete, mich zu wehren – immerhin befand sich ein Grey direkt vor mir und manipulierte meinen Körper –, sprach sie mit ruhiger, fast sanfter Stimme auf mich ein. Sie forderte mich auf, mich zu entspannen, mir keine Sorgen zu machen und mich einfach wieder hinzulegen.

Das allein wäre ungewöhnlich genug, hätte sie danach nicht jegliche Erinnerung an diesen Vorfall auch noch verloren.

Dieses Detail macht es nahezu unmöglich, das Geschehen als eine bewusste Handlung von ihr zu betrachten. Vielmehr scheint es, als wäre sie in diesem Moment nicht ganz sie selbst gewesen – als hätte eine fremde Kraft ihre Gedanken und Worte gesteuert.

Hier ergibt sich ein interessantes Puzzleteil:
Wenn wir davon ausgehen, dass die Grey gezielt Einfluss auf das Bewusstsein von Menschen nehmen können, wäre Marens Verhalten ein direkter Beleg für diese Fähigkeit. Sie war in der entscheidenden Sekunde nicht nur anwesend, sondern auch aktiv beteiligt – allerdings offenbar nicht aus eigenem Antrieb.

Das bringt uns zu meinem eigenen Verhalten.
Ich war wach, ich war bei vollem Bewusstsein, ich erkannte die Situation und spürte sogar Widerstand in mir aufsteigen. Mein Körper war nicht paralysiert, meine Wahrnehmung nicht getrübt – und dennoch ließ ich mich von Marens Worten beeinflussen, entspannte mich und legte mich wieder schlafen.

Das widerspricht jeder natürlichen Reaktion eines Menschen in einer vermeintlich bedrohlichen oder zumindest unklaren Situation. Der menschliche Instinkt basiert darauf, im Zweifel Kampf- oder Fluchtmechanismen zu aktivieren. Doch beides blieb aus.
Hier zeigt sich ein wiederkehrendes Muster, das auch in zahlreichen Berichten über Entführungen beschrieben wird: Das plötzliche Gefühl von Gleichgültigkeit, die Bereitschaft, sich zu fügen, und ein Zustand, in dem selbst das Offensichtlichste nicht mehr hinterfragt wird.

Ein möglicher Schluss liegt nahe: Die Grey haben nicht nur die Fähigkeit, unsere Gedanken wahrzunehmen – sie können sie auch gezielt beeinflussen. Nicht auf brachiale Weise, sondern subtil, beinahe beiläufig, indem sie Gedanken und Impulse dort platzieren, wo sie am effektivsten wirken.

Maren war in dieser Nacht mehr als nur eine passive Beobachterin. Sie wurde, ob bewusst oder unbewusst, zu einem Werkzeug, das dazu diente, meine natürliche Abwehrreaktion zu unterbinden. Ob dies geplant oder nur eine spontane Entscheidung der Grey war, lässt sich schwer sagen. Ich vermute Letzteres. Doch es fügt sich in ein Muster ein, das sich bereits mehrfach in meinen Erlebnissen gezeigt hat: Sie tun, was sie tun – und sie sorgen dafür, dass der Betroffene es geschehen lässt.
Vielleicht liegt genau darin eine ihrer größten Stärken. Nicht der Zwang, nicht die direkte Kontrolle, sondern die geschickte Manipulation des freien Willens. Eine Methode, die unauffällig genug ist, um im Moment des Geschehens nicht bemerkt zu werden – und dennoch wirksam genug, um das gewünschte Ergebnis zu erzielen.
Was auch immer ihr endgültiges Ziel sein mag: Sie haben keinen Bedarf an physischer Gewalt. Sie setzen auf einen weit subtileren

Mechanismus – einen, der tief in unser Bewusstsein eingreift und den Unterschied zwischen freiwilliger Akzeptanz und kontrollierter Beeinflussung beinahe unkenntlich macht.

Ein vorerst letztes und vollbewusstes Zusammentreffen mit den Grey erlebte ich am 16. Februar 2007. Dieses überaus beeindruckende Erlebnis wurde allem Anschein nach durch mich selbst initiiert – zumindest gibt es dafür ein starkes Indiz.

Schon Monate zuvor hatte ich mir zu meinem Leidwesen eine eher unschöne Angewohnheit zu eigen gemacht, die nicht folgenlos blieb. Wahrscheinlich kennen Sie jemanden in Ihrem Bekanntenkreis, der absichtlich den Kopf nach links und rechts neigt, bis es im Genick so richtig „schön" kracht. Genau dieser Unart war ich zu dieser Zeit ebenfalls verfallen. Eine wirklich seltsame Angewohnheit – zumal ich nie unter Rücken- oder Nackenproblemen gelitten hatte. Dennoch tat ich es. Täglich.

Leider blieb das anscheinend nicht ohne Konsequenzen. Nach einigen Monaten bemerkte ich wiederkehrende Schmerzen im Nacken, besonders wenn ich den Kopf drehte, begleitet von unregelmäßigen Taubheitsgefühlen. Zuweilen fühlte es sich sogar an, als würde ein leichter Stromstoß durch meinen Arm gehen. Diese Symptome wurden nicht besser – im Gegenteil. Sie nahmen an Intensität zu. Ich begann, mir Sorgen zu machen, und brachte sie unwillkürlich mit meiner Angewohnheit in Verbindung. Besonders das immer wieder auftretende Taubheitsgefühl beunruhigte mich zunehmend. Also vereinbarte ich einen Termin bei meinem Hausarzt. Leider musste ich fast zwei Wochen darauf warten, da vorher kein freier Termin verfügbar war.
Wie schon einmal kam mir der Gedanke, die Grey um Unterstützung zu bitten. In einem ruhigen Moment, in dem ich allein war,

setzte ich dieses Vorhaben in die Tat um. Ich saß entspannt im Sessel, schloss die Augen und konzentrierte mich auf sie. Neben meiner gedanklichen Fokussierung begann ich, meinen Wunsch nach Hilfe auch laut auszusprechen.

Eine sofortige Reaktion blieb aus. Doch an besagtem 16. Februar sollte eine Antwort folgen.

Es ist Nacht. Nach einem bisher ruhigen Schlaf erwache ich plötzlich.

Nach einer kurzen Orientierung erkenne ich sofort, dass ich mich nicht mehr in meiner Wohnung befinde. Ich sitze auf einer Art Stuhl – einem Möbelstück, das mir fremd ist. Mein Körper fühlt sich normal an, keine Spur von Paralyse.

Eine Hand legt sich sanft auf meinen Kopf und drückt ihn leicht nach vorn. Ich versuche, meine Umgebung zu erfassen, doch meine Sicht ist begrenzt. Das Licht in diesem Raum reicht kaum über einen Radius von zwei Metern hinaus. Alles darüber hinaus liegt in Dunkelheit. Eine seltsame, fast künstlich wirkende Begrenzung.

Ich nehme eine Bewegung wahr und drehe instinktiv meinen Kopf nach links. Dort steht ein Grey. Doch irgendetwas ist anders. Er wirkt schlanker, größer, sein Körperbau scheint definierter. Auch erscheint er insgesamt dunkler. Ob das an den Lichtverhältnissen liegt oder ob es sich tatsächlich um eine andere Art Grey handelt, kann ich nicht zweifelsfrei sagen.

Noch bevor ich ihn näher betrachten kann, wird mein Kopf wieder sanft zurückbewegt. Ich verstehe die Botschaft: Ich soll mich ruhig verhalten.

Plötzlich spüre ich einen leichten Schmerz im Nacken – direkt an der Wirbelsäule. Ein zweiter Grey ist an meiner rechten Seite und scheint etwas an meinem Nacken zu tun. Immer wieder tritt dieses

Ziehen auf, mal stärker, mal schwächer. Die Handlungen sind präzise, wirken chirurgisch.

Dann geschieht etwas, das mich kurz aus dem Konzept bringt: Die beiden Wesen beginnen, sich zu unterhalten. Doch es ist keine Sprache, die ich kenne. Es sind krächzende, klickende Laute – fast mechanisch. Die Stimmlage des Greys links von mir klingt laut, fast bestimmend. Beinahe schon bedrohlich. Doch ich empfinde keine Furcht.
Unwillkürlich verknüpfe ich das gesamte Geschehen mit meiner expliziten Bitte um Hilfe. War ich gerade Zeuge eines Eingriffs? War dies tatsächlich eine Art medizinische Behandlung?
Nach einigen Minuten endet der Vorgang. Eine Stille breitet sich aus.
Ich hebe vorsichtig meine Hand und strecke sie in Richtung des Greys. Ein Impuls treibt mich an, ihn zu berühren.
Zu meiner Überraschung reagiert er darauf. Er nimmt meine Hand zwischen seine Finger und beginnt mit kreisenden Bewegungen über meinen Handrücken zu streichen. Ein angenehmes Kribbeln breitet sich aus, Gänsehaut überzieht meinen Körper.

– Blackout.

Ich komme wieder zu mir.
Ich sitze in meinem Bett. Zu Hause.
Nach einem kurzen Moment der Sammlung knipse ich das Licht an. Ich bin allein. Mein Wecker zeigt 3:00 Uhr an. Keine Panik. Keine Furcht. Stattdessen ein seltsames Gefühl der Zufriedenheit. Ein kurzes Lächeln huscht über mein Gesicht, und ein Gedanke formt sich in meinem Kopf: Haben sie mich fürwahr operiert und geheilt?

Tatsächlich sind seit dieser Nacht alle meine Beschwerden verschwunden. Keine Schmerzen. Keine elektrisierenden Nervenimpulse. Kein Taubheitsgefühl. Einfach weg.

Am darauffolgenden Wochenende erzähle ich Maren davon. Sie sieht mich staunend an und bittet mich, ihr meinen Nacken zu zeigen. Sofort bemerkt sie zwei große, rote Punkte und einen schmalen roten Strich. Diese Male bleiben einige Tage sichtbar, bevor sie langsam verblassen und schließlich ganz verschwinden.

Seitdem hatte ich nie wieder Probleme mit meinem Nacken. Interessanterweise verlor ich sogar die Fähigkeit, ihn absichtlich knacken zu lassen. Es geht einfach nicht mehr. Aber das ist für mich völlig in Ordnung.

Es war nicht ausschließlich nur das passive Erleben, nicht nur das Ertragen und Verarbeiten der Ereignisse. Hier war etwas geschehen, das direkt auf meinen Körper einwirkte und eine spürbare Veränderung hinterließ.

Ich hatte mir meine Beschwerden durch eine schlechte Angewohnheit augenscheinlich selbst zugezogen. Kein angeborener Defekt, keine tödliche Krankheit – und doch griffen sie ein. Das legt nahe, dass sie entweder eine Notwendigkeit in meiner physischen Unversehrtheit sahen oder dass ihre Verbindung zu mir weit über ein bloßes „Interesse" hinausging.

Es gab keinen Heilungsprozess, keine Phase der Regeneration. Kein langsames Abklingen der Beschwerden, sondern eine plötzliche, vollständige Behebung. Das widerspricht allem, was wir über biologische Heilung wissen.

Wenn man diesen Gedanken weiterspinnt, bedeutet das nicht nur, dass die Grey in der Lage sind, den Körper unmittelbar zu verändern – es bedeutet auch, dass sie tief in biologische Prozesse eingreifen können, ohne dass dabei eine rekonstruierende Zeitspanne nötig wäre.

Könnte es sein, dass ihre Eingriffe nicht rein technologischer Natur sind, sondern auch eine Wechselwirkung mit meinem Bewusstsein erforderten? Wenn ja, würde das bedeuten, dass eine Form der Zustimmung eine Rolle spielt, wie ich es ja schon einmal tat.

Wenn die Grey in der Lage sind, uns zu „reparieren", bedeutet das dann auch, dass sie entscheiden, wann wir geheilt werden und wann nicht? Was, wenn ich irgendwann eine schwerwiegende Erkrankung bekommen sollte – würden sie eingreifen? Oder tun sie es nur, wenn es in ihre Agenda passt?

Dieses Erlebnis hinterließ mich mit einem unerwarteten Gefühl. Es war keine Angst – eher eine Art Demut.

Wo sehe ich mich nach all den Jahren in dieser Ereigniskette? Zwischen Laborratte und einem elitären Kreis Auserwählter?

Ich kann es nicht abschließend festmachen.

Die Wahrheit liegt wahrscheinlich, wie so oft, irgendwo dazwischen.

Vielleicht sind wir für sie nicht einfach nur Versuchsobjekte, aber auch keine Eingeweihten, denen bewusst ein größerer Plan offenbart wird. Vielleicht geht es nicht um Kontrolle oder Unterwerfung, sondern um ein tief verwurzeltes Muster, das weit über unser menschliches Verständnis hinausgeht.

Es wäre leicht, sich als Spielball zu fühlen – als ein Objekt, das in einem Experiment benutzt wird, dessen Zweck ihm für immer verborgen bleibt. Doch wenn dem so wäre, warum dieser subtile Austausch? Warum die kleinen Gesten der Beruhigung, die scheinbare Sorge um mein Wohlbefinden, die Hilfe, die mir mehrfach zuteil wurde?

Ebenso wenig kann ich mich als auserwählt betrachten. Es gibt keine Erklärungen, keine Offenbarung einer höheren Wahrheit. Ich bin nicht in ein Geheimnis eingeweiht worden, das mich über andere erhebt. Doch eines ist sicher: Ich wurde gesehen. Ich wurde geführt. Ich wurde verändert.

Und vielleicht ist genau das die wahre Erkenntnis. Dass ich in diesem Spiel weder eine Schachfigur noch der Spieler bin – sondern ein Reisender zwischen zwei Welten. Eine Existenz, die sich zwischen dem Greifbaren und dem Unfassbaren bewegt, ohne jemals mit Gewissheit sagen zu können, zu welcher sie wirklich gehört.

11. Resümee und Danksagung

Es begann mit Erlebnissen, die sich dem Gewohnten widersetzten – mit Nächten, die sich nicht mehr nur wie Nächte anfühlten, mit Begegnungen, die jede Vorstellungskraft überstiegen. Was zuerst als Unfassbarkeit in mein Leben trat, wurde über die Jahre hinweg zu einer Realität, die mich veränderte.

Ich habe Angst empfunden. Erstaunen. Verwunderung. Und irgendwann, ja, auch eine Form von Akzeptanz. Nicht im Sinne von Kapitulation, sondern als ein tiefergehendes Begreifen: Manche Dinge lassen sich nicht in starre Kategorien einordnen, sie verweigern sich einer simplen Erklärung. Sie fordern uns auf, über unsere bisherigen Grenzen hinauszudenken.

Die Grey waren keine stummen Schatten im Hintergrund. Sie waren Akteure in meiner Realität – mal Beobachter, mal Handelnde, mal Lehrer. Ihre Präsenz war oft rätselhaft, ihr Wirken nicht immer zu meinem Verständnis bestimmt. Doch eines lässt sich nicht leugnen: Sie hatten eine Agenda. Eine Absicht, die sich wie ein roter Faden durch meine Erlebnisse zog.

Ich war Teil eines Prozesses, dessen vollständige Tragweite sich mir nicht erschließt. War ich nur ein Experiment? Ein Instrument in einem weitreichenderen Plan? Oder wurde ich auf eine Art mit einbezogen, die über bloße Manipulation hinausging? Zwischen dem Gefühl, ein Versuchskaninchen zu sein, und der Ahnung, vielleicht doch in eine Art stiller Kommunikation verwickelt worden zu sein, liegt eine Wahrheit, die sich nicht einfach greifen lässt.
Doch es wäre falsch, meine Reise nur in Begriffen von Fremdbestimmung zu sehen. Denn mit jedem Erlebnis wuchs etwas in mir:

Ein Verständnis dafür, dass unser Blick auf die Wirklichkeit begrenzter ist, als wir es uns eingestehen wollen. Dass die Grenzen unseres Daseins durch Erlebnisse verschoben werden können, die uns zwingen, die eigene Existenz mit anderen Augen zu betrachten.

Diese Erlebnisse haben mich verändert. Sie haben Fragen aufgeworfen, die mich bis heute begleiten. Sie haben mir gezeigt, dass Wissen nicht immer in Form von klaren Antworten existiert, sondern oft in der Akzeptanz des Unbekannten.
Vielleicht ist genau das die Essenz dieser Reise: Nicht das Bestreben, alles mit Gewissheit zu verstehen, sondern der Mut, mit dem Unbegreiflichen zu koexistieren.
Denn wer in den Abgrund des Unerklärlichen blickt, sollte sich stets bewusst sein – manchmal blickt etwas zurück.

Zwar bin ich in diesem Buch bereits darauf eingegangen, doch es ist mir wichtig, es an dieser Stelle noch einmal zu betonen – vor allem, wenn Sie selbst erst am Anfang einer solchen Reise stehen: Bleiben Sie objektiv.
Hinterfragen Sie, zweifeln Sie, prüfen Sie. Man hat bei solchen Erlebnissen keinerlei Vergleichsmöglichkeiten auf die unser Verstand zurückgreifen könnte. Der menschliche Geist sucht unweigerlich nach Mustern, nach Antworten. Der beste Weg, mit solch außergewöhnlichen Erlebnissen umzugehen, ist die analytische Herangehensweise: Reduzieren Sie das Mögliche, bis nur noch das Unmögliche übrig bleibt. Und dann betrachten Sie genau dieses.

Dokumentieren Sie Ihre Erfahrungen. Nicht nur, um sich später detailliert daran zu erinnern, sondern weil das schriftliche Festhalten oft hilft, das Erlebte mit einem gewissen Abstand zu betrachten. Mit der Zeit können sich Details verschieben, neue Perspektiven entstehen oder sich Muster offenbaren, die Ihnen sonst entgangen wären.

Ich weiß, was es bedeutet, mit all dem allein zu sein. Der Mangel an Austausch, das Fehlen eines Rahmens, in den man diese Erfahrungen einordnen kann – all das kann belastend sein. Doch Sie sind nicht allein. Es gibt andere da draußen, die Ähnliches erlebt haben. Der Austausch mit Gleichgesinnten kann eine unschätzbare Stütze sein. Auch wenn jeder Mensch seine eigene Art der Verarbeitung hat, bleibt eines konstant: Das Unbekannte wird greifbarer, wenn man nicht der Einzige ist, der es betrachtet.

Wenn ich gefragt werde, ob die Grey als gut oder schlecht zu betrachten sind, weigere ich mich, darauf eine simple Antwort zu geben. Unsere menschliche Sichtweise ist von Moral, Ethik und gesellschaftlichen Normen geprägt – doch warum sollten wir erwarten, dass sie dieselben Maßstäbe anlegen wie wir?
Es wäre zu einfach, ihr Handeln in die Kategorien von richtig und falsch einzuordnen. Ja, sie überschreiten Grenzen, nehmen sich Freiheiten, die wir in unserem miteinander nicht gewähren. Doch bedeutet das, dass sie sich dessen nicht bewusst sind? Oder bewerten sie unsere Konzepte von Autonomie und Selbstbestimmung aus einer ganz anderen Perspektive?

Vielleicht sind wir für sie keine Individuen im herkömmlichen Sinn, sondern eher wie Zellen eines größeren Organismus – Bausteine eines komplexen Systems, das sie aus einer übergeordneten Sicht heraus betrachten. Vielleicht rechtfertigt ihr Wissen um größere Zusammenhänge ein Handeln, das für uns befremdlich oder inakzeptabel erscheint.
Denken wir daran, dass nicht einmal unsere eigene Spezies eine einheitliche Vorstellung von Ethik besitzt. In einigen Kulturen ist es

respektlos, einem Älteren in die Augen zu sehen, in anderen ist genau das ein Zeichen von Respekt. Unsere Perspektiven sind geformt durch unsere Umwelt, unsere Geschichte, unsere Entwicklung.

Doch die Grey sind keine Menschen. Sie haben höchstwahrscheinlich keine gemeinsame Geschichte mit uns, keine geteilte Evolution, keine kulturellen Überschneidungen. Warum also erwarten wir, dass sie sich nach unseren Regeln verhalten?

Vielleicht ist die eigentliche Frage nicht, ob sie gut oder schlecht sind. Sondern ob wir bereit sind, ein intelligentes, aber völlig fremdes Bewusstsein zu akzeptieren – ohne es in unsere eigenen Maßstäbe zwängen zu wollen.

Denn letztendlich bleibt eine Wahrheit bestehen: Nur weil wir etwas nicht verstehen, bedeutet es nicht, dass es gegen uns gerichtet ist.

Meine ganz persönliche Sicht auf die Grey bleibt zwiespältig. Ich kann sie weder vorbehaltlos verurteilen noch sie in ein idealisiertes Licht rücken. Es gibt Momente, in denen sie als wohlwollend erscheinen, fast fürsorglich. Doch genauso gibt es Erlebnisse, die schwer zu akzeptieren sind, weil sie grundlegende Prinzipien unserer menschlichen Vorstellung von Selbstbestimmung berühren.

Basierend auf meinen persönlichen Erfahrungen neige ich dazu, sie eher als neutral oder sogar als eine in gewisser Weise förderliche Spezies zu betrachten. Doch der eklatante Mangel an weiterführenden Erkenntnissen macht es nahezu unmöglich, eine endgültige Bewertung vorzunehmen. Was wissen wir wirklich über ihre Absichten? Was ist ihre Agenda? Und welchen Platz nehmen wir in diesem größeren Bild ein? Eines jedoch ist unbestreitbar: Die gemeinsame Reise mit ihnen hat mich verändert. Tiefgreifend und unumkehrbar. Mein Bewusstsein für das Große und Ganze hat sich erweitert, meine Wahrnehmung geschärft, meine Überzeugungen sind gereift. Diese Entwicklung empfinde ich als eine Bereicherung – als einen Zugewinn, der mich auf eine Weise geformt hat, die ich nicht missen möchte.

Das bedeutet nicht zwangsläufig, dass jeder Betroffene dieselbe Erfahrung macht oder die gleiche Perspektive entwickelt. Die Natur solcher Begegnungen ist individuell und vielschichtig. Doch im Austausch mit anderen, die Ähnliches erlebt haben, stellte ich fest, dass viele auf vergleichbare Weise zu einer neuen Sicht der Dinge gelangt sind.

Vielleicht liegt hier eine der größten Erkenntnisse verborgen: Die Grey hinterlassen nicht nur Fragen, sondern auch Entwicklung. Ihre Präsenz zwingt uns dazu, über unsere eigenen Grenzen hinauszudenken, unsere Konzepte von Realität zu hinterfragen und neue Blickwinkel zuzulassen. Ob das letztlich zu einem besseren Verständnis oder nur zu noch mehr Rätseln führt – das bleibt eine Frage, die jeder für sich selbst beantworten muss.

Nun ist es an der Zeit, Danke zu sagen – an all jene, die mich auf meiner Reise begleitet und unterstützt haben.

Ein besonderer Dank an Sie, die Leser dieses Buches.
Es bedeutet mir sehr viel, dass Sie sich die Zeit genommen haben, meine Erlebnisse und Gedanken nachzuvollziehen. Ganz gleich, ob Sie selbst ähnliche Erfahrungen gemacht haben, sich für das Thema interessieren oder einfach nur neugierig waren – Ihr Interesse zeigt, dass dieses Phänomen Aufmerksamkeit verdient. Vielleicht haben Sie sich in manchen Schilderungen wiedergefunden. Vielleicht haben sie Fragen aufgeworfen oder neue Perspektiven

eröffnet. Was auch immer Sie aus diesen Seiten mitnehmen – ich danke Ihnen dafür, dass Sie sich darauf eingelassen haben.

Ihr offener Geist, Ihre Bereitschaft, sich mit etwas auseinanderzusetzen, das außerhalb des Gewohnten liegt, ist wertvoll. Und wer weiß? Vielleicht sind es genau Menschen wie Sie, die eines Tages dazu beitragen werden, dass das Unerklärliche ein Stück verständlicher wird

Mein besonderer Dank gilt Jonathan, der mich während des gesamten Schreibprozesses mit seiner Erfahrung, seinen klugen Impulsen und seiner unermüdlichen Unterstützung bereichert hat. Deine Perspektiven haben mich inspiriert, deine Anregungen zum Nachdenken gebracht. Ich habe unseren Austausch sehr genossen. Danke dafür.

Liebe Maren, du warst stets mein Fels in der Brandung. Dein unerschütterlicher Rückhalt, dein offenes Ohr und deine Fähigkeit, auch die ungewöhnlichsten Erlebnisse mit mir gemeinsam zu analysieren, haben mir mehr bedeutet, als Worte es ausdrücken können. Mal Gesprächspartnerin, mal Kritikerin, mal Unterstützerin – unsere tiefgehenden Diskussionen haben nicht nur mein Denken geschärft, sondern oft neue Erkenntnisse ans Licht gebracht. Deine Begeisterung für dieses Buch war eine Kraftquelle, die mich immer weiter angetrieben hat.

Ein ganz besonderer Dank geht an meine Mutter. Du warst die Erste, die all das erfahren hat – und du hast mir niemals das Gefühl gegeben, an meinen Erlebnissen zu zweifeln. Deine unvoreingenommene Art und unsere Gespräche in den frühen Tagen meiner Erfahrungen waren für mich von unschätzbarem Wert. Deine Unterstützung hat mir geholfen, meinen Weg zu finden.

Ebenso danke ich von Herzen meinen Leidensgenossen – jenen anderen Betroffenen, die ich über die Jahre kennenlernen durfte. Der Austausch mit euch war eine große Stütze in Zeiten der Unsicherheit. Ganz besonders danke ich Patrick. Eure Geschichten, eure Einsichten und euer Mut haben mir gezeigt, dass niemand mit diesen Erlebnissen wirklich allein ist.

Zu guter Letzt noch ein Wort an meine Besucher, die Greys.
Ob ihr dies jemals lesen werdet, ob Worte wie diese für euch von Bedeutung sind – das entzieht sich meinem Wissen. Doch wenn es eines gibt, das ich durch all die Jahre gelernt habe, dann ist es, dass nicht alles Wissen aus greifbaren Beweisen besteht. Manche Wahrheiten liegen in Erfahrungen, in Veränderung, in dem, was wir fühlen, ohne es vollständig begreifen zu können.
Ich war Beobachter und zugleich Proband in einer Wirklichkeit, die sich außerhalb menschlicher Maßstäbe bewegt. Ich habe euch gefürchtet, bewundert, hinterfragt – und doch nie ganz verstanden. Vielleicht ist es auch nicht meine Aufgabe, euch zu verstehen. Vielleicht ist das Privileg der Erkenntnis stets an den richtigen Moment geknüpft, an eine Zeit, die wir nicht selbst wählen können.

Doch was ich erkennen durfte, ist Folgendes: Ihr habt mir genommen, aber ihr habt mir auch gegeben. Ihr habt mich konfrontiert mit Dingen, die weit über das hinausgehen, was ich für möglich hielt. Ihr habt mir Fragen hinterlassen, für die es keine einfachen Antworten gibt – und gerade darin liegt unschätzbarer Wert. Denn nur wer nach Antworten sucht, bewegt sich weiter.

Wenn euer Wirken einem höheren Zweck dient – sei es zum Wohle eurer Spezies oder der unseren –, dann bleibt mir nur, das Unvermeidliche zu akzeptieren. Vielleicht liegt der größte Akt der Weisheit nicht im Widerstand gegen das Unverstehbare, sondern in der

Fähigkeit, sich der Erfahrung hinzugeben, ohne sich selbst darin zu verlieren.

Egal, welche Absichten ihr verfolgt, eines steht fest: Ihr habt meine Realität erweitert. Und wer die Grenzen des Denkbaren verschiebt, hinterlässt Spuren, die nicht verblassen.

Dafür – auf welche Weise auch immer – danke ich euch.

Wenn dich dieses Buch bewegt hat oder du etwas teilen möchtest, erreichst du mich unter:
m.e.isenhardt@mail.de
Ich lese jede Nachricht, auch wenn ich nicht auf jede ausführlich antworten kann.